Jan Čihák

Bruchrechnung

Interaktive Übungen für Schüler und Schülerinnen

Jan Čihák

BRUCHRECHNUNG

Interaktive Übungen für Schüler und Schülerinnen

ibidem
Verlag

Bibliografische Information der Deutschen Nationalbibliothek
Die Deutsche Nationalbibliothek verzeichnet diese Publikation in der Deutschen Nationalbibliografie; detaillierte bibliografische Daten sind im Internet über http://dnb.d-nb.de abrufbar.

Bibliographic information published by the Deutsche Nationalbibliothek
Die Deutsche Nationalbibliothek lists this publication in the Deutsche Nationalbibliografie; detailed bibliographic data are available in the Internet at http://dnb.d-nb.de.

ISBN-13: 978-3-8382-1330-9

Printed in the EU

Inhaltsverzeichnis

1. Darstellung von Brüchen

Jede Teilung kann durch Brüche ausgedrückt werden.

$$18:3=\frac{18}{3} \qquad 10:2=\frac{10}{2} \qquad 1:2=\frac{1}{2}$$

1	$\longrightarrow$	Zähler
—	$\longrightarrow$	Bruchstrich
2	$\longrightarrow$	Nenner

Die Teilung wird durch Brüche ausgedrückt

1. $2 \div 2 \quad = —$

2. $6 \div 19 \quad = —$

3. $26 \div 41 = —$

4. $11 \div 13 = —$

5. $3 \div 10 \quad = —$

6. $5 \div 7 \quad = —$

7. $42 \div 43 = —$

8. $11 \div 16 = —$

9. $12 \div 12 = —$

10. $16 \div 31 = —$

11. $3 \div 3 \quad = —$

12. $8 \div 38 \quad = —$

13. $31 \div 31 = \text{—}$

14. $4 \div 42 = \text{—}$

15. $23 \div 23 = \text{—}$

16. $2 \div 2 = \text{—}$

Brüche werden durch Teilung ausgedrückt

17. $\frac{8}{9} = \quad \div$

18. $\frac{4}{17} = \quad \div$

19. $\frac{45}{50} = \quad \div$

20. $\frac{10}{15} = \quad \div$

21. $\frac{5}{35} = \quad \div$

22. $\frac{8}{8} = \quad \div$

23. $\frac{36}{40} = \quad \div$

24. $\frac{9}{9} = \quad \div$

25. $\frac{16}{21} = \quad \div$

26. $\frac{10}{12} = \quad \div$

27. $\frac{10}{16} = \quad \div$

28. $\frac{4}{23} = \quad \div$

29. $\frac{11}{13} = \quad \div$

30. $\frac{34}{34} = \quad \div$

31. $\frac{7}{11} = \quad \div$

32. $\frac{28}{32} = \quad \div$

33. $\frac{2}{3} = \quad \div$

34. $\frac{2}{9} = \quad \div$

35. $\frac{16}{19} = \quad \div$

36. $\frac{28}{29} = \quad \div$

37. $\frac{5}{5} = \quad \div$

38. $\frac{4}{15} = \quad \div$

echter (eigentlicher) Bruch	**unechter (uneigentlicher) Bruch**
Der Zähler ist kleiner als der Nenner	Der Zähler ist größer oder gleich dem Nenner
$\frac{3}{8}$ $\frac{2}{5}$ $\frac{1}{4}$ $\frac{5}{6}$	$\frac{3}{2}$ $\frac{5}{3}$ $\frac{11}{8}$ $\frac{9}{9}$
Ein echter Bruch ist **kleiner** als 1	Ein unechter Bruch ist **größer** oder gleich 1

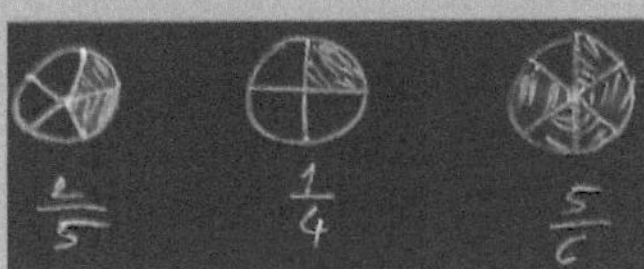

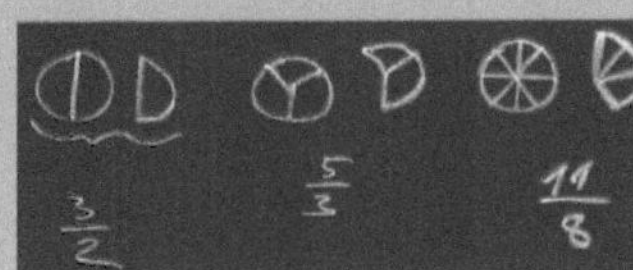

Entscheide, ob es sich um einen echten oder unechten Bruch handelt

39. $\frac{29}{5}$ ist echt unecht

40. $\frac{6}{18}$ ist echt unecht

41. $\frac{6}{15}$ ist echt unecht

42. $\frac{2}{15}$ ist echt unecht

43. $\frac{31}{35}$ ist echt unecht

44. $\frac{9}{14}$ ist echt unecht

45. $\frac{35}{36}$ ist echt unecht

46. $\frac{17}{39}$ ist echt unecht

47. $\frac{38}{40}$ ist echt unecht

48. $\frac{32}{48}$ ist echt unecht

49. $\frac{49}{4}$ ist echt unecht

50. $\frac{31}{22}$ ist echt unecht

51. $\frac{39}{23}$ ist echt unecht

52. $\frac{45}{8}$ ist echt unecht

53. $\frac{49}{36}$ ist echt unecht

54. $\frac{44}{36}$ ist echt unecht

55. $\frac{4}{35}$ ist echt unecht

56. $\frac{33}{12}$ ist echt unecht

57. $\frac{49}{30}$ ist echt unecht

58. $\frac{14}{41}$ ist echt unecht

59. $\frac{41}{29}$ ist echt unecht

60. $\frac{33}{37}$ ist echt unecht

2. Gegenzahl

Jede Zahl und ihre Gegenzahl hat auf der Halbgeraden dieselbe Entfernung zur Null hin, nur in zueinander entgegensetzten Richtungen.

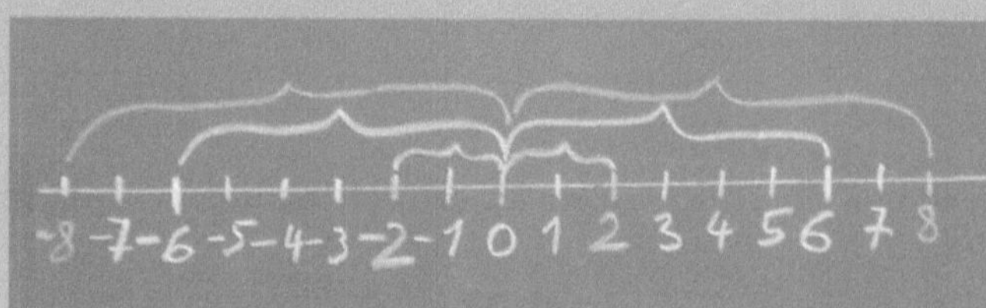

Aufgabe 2.1

Bestimme die Gegenzahl zu

a) 2

b) 6

c) -3

d) $\frac{3}{4}$

e) $-\frac{1}{5}$

Lösung:

a) Zur Zahl 2 ist die Gegenzahl $\underline{\underline{-2}}$

b) Zur Zahl 6 ist die Gegenzahl $\underline{\underline{-6}}$

c) Zur Zahl -3 ist die Gegenzahl $\underline{\underline{3}}$

d) Zur Zahl $\frac{3}{4}$ ist die Gegenzahl $\underline{\underline{-\frac{3}{4}}}$

e) Zur Zahl $-\frac{1}{5}$ ist die Gegenzahl $\underline{\underline{\frac{1}{5}}}$

Bestimme die Gegenzahl zu

61. $10\frac{11}{15}$ ——

62. $2\frac{1}{10}$ ——

63. $-18\frac{2}{5}$ ___

64. $3\frac{16}{18}$ ___

65. $-7\frac{4}{5}$ ___

66. $8\frac{10}{16}$ ___

67. -4

68. $-15\frac{5}{13}$ ___

69. $-10\frac{7}{19}$ ___

70. $-18\frac{12}{14}$ ___

71. $3\frac{11}{13}$ ___

72. $13\frac{1}{2}$ ___

73. $-20\frac{5}{9}$ ___

74. $20\frac{9}{17}$ ___

75. $9\frac{14}{19}$ ___

76. $-3\frac{2}{15}$ ___

77. $-17\frac{6}{11}$ ___

78. $-6\frac{8}{14}$ ___

3. Kehrwert

Der Kehrwert zur Zahl n ist $\frac{1}{n}$.

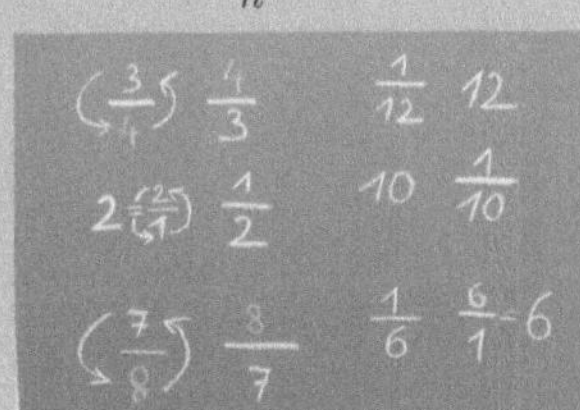

Aufgabe 3.1

Bestimme den Kehrwert zu

Lösung:

a) 2	a) Zur Zahl 2 ist der Kehrwert $\underline{\underline{\frac{1}{2}}}$
b) 5	b) Zur Zahl 5 ist der Kehrwert $\underline{\underline{\frac{1}{5}}}$
c) $\frac{6}{7}$	c) Zur Zahl $\frac{6}{7}$ ist der Kehrwert $\underline{\underline{\frac{7}{6}}}$

Bestimme den Kehrwert zu

79. 3	—	**88.** 2	—
80. 6	—	**89.** 12	—
81. 14	—	**90.** 4	—
82. 15	—	**91.** 8	—
83. 13	—	**92.** $\frac{17}{2}$	—
84. $\frac{11}{19}$	—	**93.** $\frac{18}{12}$	—
85. $\frac{7}{8}$	—	**94.** 2	—
86. 17	—	**95.** $\frac{11}{11}$	—
87. 19	—	**96.** $\frac{7}{7}$	—

4. Gemischte Zahlen

Eine gemischte Zahl besteht aus einer ganzen Zahl und einem Bruch.

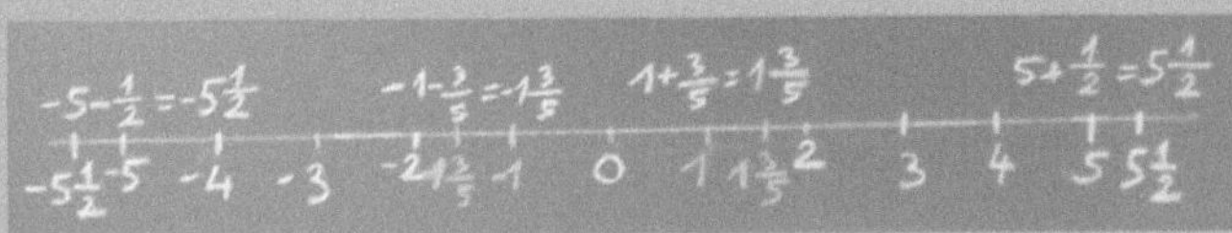

Jede gemischte Zahl kann in einen unechten Bruch übersetzt werden.

$$1\frac{3}{5} = \frac{8}{5} \qquad 2\frac{2}{5} = \frac{12}{5} \qquad 1\frac{3}{6} = \frac{9}{6}$$

Aufgabe 4.1

Wandle die gemischte Zahl in einen unechten Bruch um:

Lösung:

a) $7\frac{1}{2}$ — a) $7\frac{1}{2} = \frac{7\cdot 2+1}{2} = \frac{14+1}{2} = \underline{\underline{\frac{15}{2}}}$

b) $3\frac{2}{5}$ — b) $3\frac{2}{5} = \frac{3\cdot 5+2}{5} = \frac{15+2}{5} = \underline{\underline{\frac{17}{5}}}$

c) $8\frac{3}{4}$ — c) $8\frac{3}{4} = \frac{8\cdot 4+3}{4} = \frac{32+3}{4} = \underline{\underline{\frac{35}{4}}}$

Wandle die gemischte Zahl in einen unechten Bruch um

97. $2\frac{5}{10} = \frac{\quad\cdot\quad+\quad}{\quad} = \frac{\quad}{\quad}$ **100.** $2\frac{9}{10} = \frac{\quad\cdot\quad+\quad}{\quad} = \frac{\quad}{\quad}$

98. $4\frac{3}{5} = \frac{\quad\cdot\quad+\quad}{\quad} = \frac{\quad}{\quad}$ **101.** $8\frac{2}{3} = \frac{\quad\cdot\quad+\quad}{\quad} = \frac{\quad}{\quad}$

99. $4\frac{1}{2} = \frac{\quad\cdot\quad+\quad}{\quad} = \frac{\quad}{\quad}$ **102.** $9\frac{2}{6} = \frac{\quad\cdot\quad+\quad}{\quad} = \frac{\quad}{\quad}$

103. $6\frac{8}{9} = \frac{\quad \cdot \quad + \quad}{\qquad} = \frac{\quad}{\quad}$

104. $4\frac{2}{5} = \frac{\quad \cdot \quad + \quad}{\qquad} = \frac{\quad}{\quad}$

105. $7\frac{2}{7} = \frac{\quad \cdot \quad + \quad}{\qquad} = \frac{\quad}{\quad}$

106. $3\frac{1}{2} = \frac{\quad \cdot \quad + \quad}{\qquad} = \frac{\quad}{\quad}$

107. $7\frac{2}{4} = \frac{\quad \cdot \quad + \quad}{\qquad} = \frac{\quad}{\quad}$

108. $5\frac{6}{7} = \frac{\quad \cdot \quad + \quad}{\qquad} = \frac{\quad}{\quad}$

109. $10\frac{2}{4} = \frac{\quad \cdot \quad + \quad}{\qquad} = \frac{\quad}{\quad}$

110. $2\frac{4}{10} = \frac{\quad \cdot \quad + \quad}{\qquad} = \frac{\quad}{\quad}$

111. $2\frac{7}{9} = \frac{\quad \cdot \quad + \quad}{\qquad} = \frac{\quad}{\quad}$

112. $10\frac{3}{7} = \frac{\quad \cdot \quad + \quad}{\qquad} = \frac{\quad}{\quad}$

Wandle die gemischte Zahl in eine ganze Zahl und einen Bruch um

113. $-3\frac{1}{2} = - \qquad - \frac{\quad}{\quad}$

114. $-4\frac{5}{10} = - \qquad - \frac{\quad}{\quad}$

115. $-6\frac{2}{8} = - \qquad - \frac{\quad}{\quad}$

116. $6\frac{2}{2} = \qquad + \frac{\quad}{\quad}$

117. $-4\frac{3}{4} = - \qquad - \frac{\quad}{\quad}$

118. $6\frac{6}{7} = \qquad + \frac{\quad}{\quad}$

119. $-3\frac{9}{10} = - \qquad - \frac{\quad}{\quad}$

120. $-5\frac{6}{9} = - \qquad - \frac{\quad}{\quad}$

121. $10\frac{2}{2} = \qquad + \frac{\quad}{\quad}$

122. $5\frac{2}{8} = \qquad + \frac{\quad}{\quad}$

123. $2\frac{4}{8} = \qquad + \frac{\quad}{\quad}$

124. $-10\frac{5}{8} = - \qquad - \frac{\quad}{\quad}$

125. $-10\frac{4}{7} = - \qquad - \frac{\quad}{\quad}$

126. $5\frac{5}{9} = \qquad + \frac{\quad}{\quad}$

127. $-5\frac{3}{5} = - \qquad - \frac{\quad}{\quad}$

128. $10\frac{4}{7} = \qquad + \frac{\quad}{\quad}$

Aufgabe 4.2

Wandle den unechten Bruch in eine gemischte Zahl um:

Lösung:

a) $\frac{22}{7}$	a) $\frac{22}{7} = 22 : 7 = \underline{\underline{3\frac{1}{7}}}$
b) $\frac{17}{3}$	b) $\frac{17}{3} = 17 : 3 = \underline{\underline{5\frac{2}{3}}}$
c) $\frac{14}{5}$	c) $\frac{14}{5} = 14 : 5 = \underline{\underline{2\frac{4}{5}}}$

Wandle den unechten Bruch in eine gemischte Zahl um

129. $\frac{34}{10} = \quad \div \quad = \quad$ —

130. $\frac{15}{2} = \quad \div \quad = \quad$ —

131. $\frac{25}{7} = \quad \div \quad = \quad$ —

132. $\frac{38}{6} = \quad \div \quad = \quad$ —

133. $\frac{36}{8} = \quad \div \quad = \quad$ —

134. $\frac{50}{5} = \quad \div \quad =$

135. $\frac{17}{10} = \quad \div \quad = \quad$ —

136. $\frac{21}{10} = \quad \div \quad = \quad$ —

137. $\frac{26}{6} = \quad \div \quad = \quad$ —

138. $\frac{31}{10} = \quad \div \quad = \quad$ —

139. $\frac{44}{2} = \quad \div \quad =$

140. $\frac{50}{10} = \quad \div \quad =$

141. $\frac{19}{5} = \quad \div \quad = \quad$ —

142. $\frac{9}{8} = \quad \div \quad = \quad$ —

143. $\frac{9}{7} = \quad \div \quad = \quad$ —

144. $\frac{43}{3} = \quad \div \quad = \quad$ —

145. $\frac{28}{7} = \quad \div \quad =$

146. $\frac{10}{3} = \quad \div \quad = \quad$ —

147. $\frac{25}{3} = \quad \div \quad = \quad$ —

148. $\frac{50}{3} = \quad \div \quad = \quad$ —

5. Darstellung des Bruches in Dezimalzahlen

Ein Bruch kann durch eine Dezimalzahl ausgedrückt werden.

$$\frac{3}{5} = 3:5 = 0,6 \qquad \frac{25}{100} = 25:100 = 0,25$$

$$\frac{3}{8} = 3:8 = 0,375$$

Aufgabe 5.1

Drücke den Bruch in Dezimalzahlen aus und runde auf Hundertstel:

Lösung:

a) $\frac{3}{7}$ — a) $\frac{3}{7} = 3:7 = 0,428 \doteq \underline{\underline{0,43}}$

b) $\frac{23}{18}$ — b) $\frac{23}{18} = 23:18 = 1,277 \doteq \underline{\underline{1,28}}$

Drücke den Bruch in Dezimalzahlen aus und runde auf Hunderts-tel

149. $\frac{12}{9} = \quad \div \quad =$

150. $\frac{42}{4} = \quad \div \quad =$

151. $\frac{18}{8} = \quad \div \quad =$

152. $\frac{49}{10} = \quad \div \quad =$

153. $\frac{12}{3} = \quad \div \quad =$

154. $\frac{23}{4} = \quad \div \quad =$

155. $\frac{42}{3} = \quad \div \quad =$

156. $\frac{48}{7} = \quad \div \quad =$

157. $\frac{25}{8} = \quad \div \quad =$

158. $\frac{38}{5} = \quad \div \quad =$

159. $\frac{27}{8} = \quad \div \quad =$

160. $\frac{31}{8} = \quad \div \quad =$

161. $\frac{14}{8} = \quad \div \quad =$

162. $\frac{31}{5} = \quad \div \quad =$

163. $\frac{13}{9} = \quad \div \quad =$

164. $\frac{48}{8} = \quad \div \quad =$

165. $\frac{48}{7} = \quad \div \quad =$

166. $\frac{30}{9} = \quad \div \quad =$

167. $\frac{15}{9} = \quad \div \quad =$

168. $\frac{45}{2} = \quad \div \quad =$

169. $\frac{24}{3} = \quad \div \quad =$

170. $\frac{50}{2} = \quad \div \quad =$

Drücke die gemischten Zahlen in Dezimalzahlen aus und runde auf Hundertstel

171. $10\frac{19}{27} = \quad + \quad \div \quad =$

172. $2\frac{22}{24} = \quad + \quad \div \quad =$

173. $7\frac{35}{44} = \quad + \quad \div \quad =$

174. $8\frac{20}{46} = \quad + \quad \div \quad =$

175. $5\frac{10}{36} = \quad + \quad \div \quad =$

176. $3\frac{24}{49} = \quad + \quad \div \quad =$

177. $3\frac{12}{26} = \quad + \quad \div \quad =$

178. $2\frac{8}{34} = \quad + \quad \div \quad =$

179. $9\frac{15}{39} = \quad + \quad \div \quad =$

180. $4\frac{12}{39} = \quad + \quad \div \quad =$

181. $4\frac{12}{19} = \quad + \quad \div \quad =$

182. $8\frac{21}{44} = \quad + \quad \div \quad =$

183. $3\frac{17}{17} = \quad + \quad \div \quad =$

184. $4\frac{28}{40} = \quad + \quad \div \quad =$

185. $6\frac{3}{32} = \quad + \quad \div \quad =$

186. $5\frac{22}{22} = \quad + \quad \div \quad =$

187. $7\frac{11}{29} \quad = \quad + \quad \div \quad =$

188. $9\frac{5}{27} \quad = \quad + \quad \div \quad =$

189. $2\frac{24}{33} \quad = \quad + \quad \div \quad =$

190. $3\frac{25}{33} \quad = \quad + \quad \div \quad =$

191. $9\frac{19}{46} \quad = \quad + \quad \div \quad =$

192. $5\frac{19}{39} \quad = \quad + \quad \div \quad =$

6. Erweiterung von Brüchen

Ein Bruch wird erweitert, indem der Zähler und der Nenner mit der gleichen Zahl - ungleich Null - multipliziert wird. Der Bruchwert wird nicht verändert.

$$\frac{2}{3} = \frac{2 \cdot 3}{3 \cdot 3} = \frac{6}{9}$$

Aufgabe 6.1

Erweitere den Bruch $\frac{3}{4}$:

Lösung:

a) um zwei — a) $\frac{3}{4} = \frac{3 \cdot 2}{4 \cdot 2} = \underline{\underline{\frac{6}{8}}}$

b) um drei — b) $\frac{3}{4} = \frac{3 \cdot 3}{4 \cdot 3} = \underline{\underline{\frac{9}{12}}}$

c) um vier — c) $\frac{3}{4} = \frac{3 \cdot 4}{4 \cdot 4} = \underline{\underline{\frac{12}{16}}}$

d) um fünf — d) $\frac{3}{4} = \frac{3 \cdot 5}{4 \cdot 5} = \underline{\underline{\frac{15}{20}}}$

Erweitere die Brüche

193. $\frac{5}{11}$ erweitere um zwei $\quad \frac{\cdot}{\cdot} = \frac{}{}$

194. $\frac{2}{3}$ erweitere um drei $\frac{\cdot}{\cdot} = \frac{}{}$

195. $\frac{2}{2}$ erweitere um drei $\frac{\cdot}{\cdot} = \frac{}{}$

196. $\frac{6}{6}$ erweitere um vier $\frac{\cdot}{\cdot} = \frac{}{}$

197. $\frac{2}{4}$ erweitere um drei $\frac{\cdot}{\cdot} = \frac{}{}$

198. $\frac{14}{17}$ erweitere um fünf $\frac{\cdot}{\cdot} = \frac{}{}$

199. $\frac{3}{10}$ erweitere um vier $\frac{\cdot}{\cdot} = \frac{}{}$

200. $\frac{8}{15}$ erweitere um zwei $\frac{\cdot}{\cdot} = \frac{}{}$

201. $\frac{3}{10}$ erweitere um fünf $\frac{\cdot}{\cdot} = \frac{}{}$

202. $\frac{2}{2}$ erweitere um zwei $\frac{\cdot}{\cdot} = \frac{}{}$

203. $\frac{12}{17}$ erweitere um fünf $\frac{\cdot}{\cdot} = \frac{}{}$

204. $\frac{4}{10}$ erweitere um vier $\frac{\cdot}{\cdot} = \frac{}{}$

205. $\frac{8}{19}$ erweitere um drei $\frac{\cdot}{\cdot} = \frac{}{}$

206. $\frac{2}{4}$ erweitere um drei $\frac{\cdot}{\cdot} = \frac{}{}$

207. $\frac{7}{15}$ erweitere um zwei $\frac{\cdot}{\cdot} = \frac{}{}$

208. $\frac{7}{7}$ erweitere um zwei $\frac{\cdot}{\cdot} = \frac{}{}$

209. $\frac{12}{16}$ erweitere um zwei $\frac{\cdot}{\cdot} = \frac{}{}$

210. $\frac{5}{12}$ erweitere um zwei $\frac{\cdot}{\cdot} = \frac{}{}$

211. $\frac{3}{20}$ erweitere um zwei $\frac{\cdot}{\cdot} = \frac{}{}$

212. $\frac{3}{4}$ erweitere um fünf $\frac{\cdot}{\cdot} = \frac{}{}$

7. Kürzung von Brüchen

Ein Bruch wird gekürzt, indem der Zähler und der Nenner mit der gleichen Zahl - ungleich Null - dividiert wird. Der Bruchwert wird nicht verändert.

$$\frac{2}{6} = \frac{2:2}{6:2} = \frac{1}{3}$$

Aufgabe 7.1

Kürze den Bruch:

a,b) $\frac{84}{210}$ c,d) $\frac{12}{18}$ e,f) $\frac{36}{90}$

Lösung:

a) $\text{ggT}(84, 210) = 2 \cdot 3 \cdot 7$ $\frac{84}{210} = \frac{84:2}{210:2} = \frac{42:3}{105:3} = \frac{14:7}{35:7} = \underline{\underline{\frac{2}{5}}}$

b) $\text{ggT}(84, 210) = 42$ $\frac{84}{210} = \frac{84:42}{210:42} = \underline{\underline{\frac{2}{5}}}$

c) $\text{ggT}(12, 18) = 2 \cdot 3$ $\frac{12}{18} = \frac{12:2}{18:2} = \frac{6:3}{9:3} = \underline{\underline{\frac{2}{3}}}$

d) $\text{ggT}(12, 18) = 6$ $\frac{12}{18} = \frac{12:6}{18:6} = \underline{\underline{\frac{2}{3}}}$

e) $\text{ggT}(36, 90) = 2 \cdot 3 \cdot 3$ $\frac{36}{90} = \frac{36:2}{90:2} = \frac{18:3}{45:3} = \frac{6:3}{15:3} = \underline{\underline{\frac{2}{5}}}$

f) $\text{ggT}(36, 90) = 18$ $\frac{36}{90} = \frac{36:18}{90:18} = \underline{\underline{\frac{2}{5}}}$

Kürze die Brüche

213. $\frac{252}{280} = \frac{\quad\div\quad}{\quad\div\quad} = \frac{\quad\div\quad}{\quad\div\quad} = \frac{\quad\div\quad}{\quad\div\quad} = \frac{\quad}{\quad}$

ggT $\left(\quad , \quad \right) = \quad \cdot \quad \cdot$

214. $\frac{20}{100} = \frac{\quad\div\quad}{\quad\div\quad} = \frac{\quad\div\quad}{\quad\div\quad} = \frac{\quad\div\quad}{\quad\div\quad} = \frac{\quad}{\quad}$

ggT $\left(\quad , \quad \right) = \quad \cdot \quad \cdot$

215. $\frac{12}{60} = \frac{\quad\div\quad}{\quad\div\quad} = \frac{\quad\div\quad}{\quad\div\quad} = \frac{\quad\div\quad}{\quad\div\quad} = \frac{\quad}{\quad}$

ggT $\left(\quad , \quad \right) = \quad \cdot \quad \cdot$

216. $\frac{252}{280} = \frac{\quad\div\quad}{\quad\div\quad} = \frac{\quad\div\quad}{\quad\div\quad} = \frac{\quad\div\quad}{\quad\div\quad} = \frac{\quad}{\quad}$

ggT $\left(\quad , \quad \right) = \quad \cdot \quad \cdot$

217. $\frac{84}{210} = \frac{\quad\div\quad}{\quad\div\quad} = \frac{\quad\div\quad}{\quad\div\quad} = \frac{\quad\div\quad}{\quad\div\quad} = \frac{\quad}{\quad}$

ggT $\left(\quad , \quad \right) = \quad \cdot \quad \cdot$

218. $\frac{10}{20} = \frac{\quad\div\quad}{\quad\div\quad} = \frac{\quad\div\quad}{\quad\div\quad} = \frac{\quad}{\quad}$

ggT $\left(\quad , \quad \right) = \quad \cdot$

219. $\frac{60}{150} = \frac{\quad\div\quad}{\quad\div\quad} = \frac{\quad\div\quad}{\quad\div\quad} = \frac{\quad\div\quad}{\quad\div\quad} = \frac{\quad}{\quad}$

ggT $\left(\quad , \quad \right) = \quad \cdot \quad \cdot$

220. $\frac{84}{120} = \frac{\quad\div\quad}{\quad\div\quad} = \frac{\quad\div\quad}{\quad\div\quad} = \frac{\quad\div\quad}{\quad\div\quad} = \frac{\quad}{\quad}$

ggT $\left(\quad , \quad \right) = \quad \cdot \quad \cdot$

221. $\frac{15}{25} = \frac{\quad\div\quad}{\quad\div\quad} = \frac{\quad}{\quad}$

ggT $\left(\quad , \quad \right) =$

222. $\frac{28}{35} = \frac{\quad\div\quad}{\quad\div\quad} = \frac{\quad}{\quad}$

ggT (,) =

223. $\frac{108}{120} = \frac{\quad\div\quad}{\quad\div\quad} = \frac{\quad\div\quad}{\quad\div\quad} = \frac{\quad\div\quad}{\quad\div\quad} = \frac{\quad}{\quad}$

ggT (,) = · ·

224. $\frac{294}{420} = \frac{\quad\div\quad}{\quad\div\quad} = \frac{\quad\div\quad}{\quad\div\quad} = \frac{\quad\div\quad}{\quad\div\quad} = \frac{\quad}{\quad}$

ggT (,) = · ·

225. $\frac{5}{10} = \frac{\quad\div\quad}{\quad\div\quad} = \frac{\quad}{\quad}$

ggT (,) =

226. $\frac{84}{120} = \frac{\quad\div\quad}{\quad\div\quad} = \frac{\quad\div\quad}{\quad\div\quad} = \frac{\quad\div\quad}{\quad\div\quad} = \frac{\quad}{\quad}$

ggT (,) = · ·

227. $\frac{80}{100} = \frac{\quad\div\quad}{\quad\div\quad} = \frac{\quad\div\quad}{\quad\div\quad} = \frac{\quad\div\quad}{\quad\div\quad} = \frac{\quad}{\quad}$

ggT (,) = · ·

228. $\frac{21}{30} = \frac{\quad\div\quad}{\quad\div\quad} = \frac{\quad}{\quad}$

ggT (,) =

229. $\frac{90}{150} = \frac{\quad\div\quad}{\quad\div\quad} = \frac{\quad\div\quad}{\quad\div\quad} = \frac{\quad\div\quad}{\quad\div\quad} = \frac{\quad}{\quad}$

ggT (,) = · ·

230. $\frac{108}{120} = \frac{\quad\div\quad}{\quad\div\quad} = \frac{\quad\div\quad}{\quad\div\quad} = \frac{\quad\div\quad}{\quad\div\quad} = \frac{\quad}{\quad}$

ggT (,) = · ·

Kürze die Brüche II

231. $\frac{210}{300}$ $\qquad \frac{210}{300} = \frac{\quad \div \quad}{\quad \div \quad} = \frac{\quad}{\quad}$

$\text{ggT}\left(\quad , \quad \right) = \quad \cdot \quad \cdot \quad =$

232. $\frac{126}{180}$ $\qquad \frac{126}{180} = \frac{\quad \div \quad}{\quad \div \quad} = \frac{\quad}{\quad}$

$\text{ggT}\left(\quad , \quad \right) = \quad \cdot \quad \cdot \quad =$

233. $\frac{9}{18}$ $\qquad \frac{9}{18} = \frac{\quad \div \quad}{\quad \div \quad} = \frac{\quad}{\quad}$

$\text{ggT}\left(\quad , \quad \right) = \quad \cdot \quad =$

234. $\frac{27}{90}$ $\qquad \frac{27}{90} = \frac{\quad \div \quad}{\quad \div \quad} = \frac{\quad}{\quad}$

$\text{ggT}\left(\quad , \quad \right) = \quad \cdot \quad =$

235. $\frac{252}{280}$ $\qquad \frac{252}{280} = \frac{\quad \div \quad}{\quad \div \quad} = \frac{\quad}{\quad}$

$\text{ggT}\left(\quad , \quad \right) = \quad \cdot \quad \cdot \quad =$

236. $\frac{168}{210}$ $\qquad \frac{168}{210} = \frac{\quad \div \quad}{\quad \div \quad} = \frac{\quad}{\quad}$

$\text{ggT}\left(\quad , \quad \right) = \quad \cdot \quad \cdot \quad =$

237. $\frac{180}{200}$ $\qquad \frac{180}{200} = \frac{\quad \div \quad}{\quad \div \quad} = \frac{\quad}{\quad}$

$\text{ggT}\left(\quad , \quad \right) = \quad \cdot \quad \cdot \quad =$

238. $\frac{27}{90}$ $\qquad \frac{27}{90} = \frac{\quad \div \quad}{\quad \div \quad} = \frac{\quad}{\quad}$

$\text{ggT}\left(\quad , \quad \right) = \quad \cdot \quad =$

239. $\frac{135}{150}$ $\qquad \frac{135}{150} = \frac{\quad \div \quad}{\quad \div \quad} = \frac{\quad}{\quad}$

$\text{ggT}\left(\quad , \quad \right) = \quad \cdot \quad =$

240. $\frac{10}{50}$ $\qquad \frac{10}{50} = \frac{\quad \div \quad}{\quad \div \quad} = \frac{\quad}{\quad}$

$\text{ggT}\left(\quad,\quad\right) = \quad\cdot\quad =$

241. $\frac{12}{24}$ $\qquad \frac{12}{24} = \frac{\quad \div \quad}{\quad \div \quad} = \frac{\quad}{\quad}$

$\text{ggT}\left(\quad,\quad\right) = \quad\cdot\quad\cdot\quad =$

242. $\frac{24}{30}$ $\qquad \frac{24}{30} = \frac{\quad \div \quad}{\quad \div \quad} = \frac{\quad}{\quad}$

$\text{ggT}\left(\quad,\quad\right) = \quad\cdot\quad =$

243. $\frac{9}{45}$ $\qquad \frac{9}{45} = \frac{\quad \div \quad}{\quad \div \quad} = \frac{\quad}{\quad}$

$\text{ggT}\left(\quad,\quad\right) = \quad\cdot\quad =$

244. $\frac{12}{60}$ $\qquad \frac{12}{60} = \frac{\quad \div \quad}{\quad \div \quad} = \frac{\quad}{\quad}$

$\text{ggT}\left(\quad,\quad\right) = \quad\cdot\quad\cdot\quad =$

245. $\frac{20}{25}$ $\qquad \frac{20}{25} = \frac{\quad \div \quad}{\quad \div \quad} = \frac{\quad}{\quad}$

$\text{ggT}\left(\quad,\quad\right) =$

246. $\frac{30}{60}$ $\qquad \frac{30}{60} = \frac{\quad \div \quad}{\quad \div \quad} = \frac{\quad}{\quad}$

$\text{ggT}\left(\quad,\quad\right) = \quad\cdot\quad\cdot\quad =$

247. $\frac{45}{150}$ $\qquad \frac{45}{150} = \frac{\quad \div \quad}{\quad \div \quad} = \frac{\quad}{\quad}$

$\text{ggT}\left(\quad,\quad\right) = \quad\cdot\quad =$

248. $\frac{270}{300}$ $\qquad \frac{270}{300} = \frac{\quad \div \quad}{\quad \div \quad} = \frac{\quad}{\quad}$

$\text{ggT}\left(\quad,\quad\right) = \quad\cdot\quad\cdot\quad =$

8. Gemeinsamer Nenner

Aufgabe 8.1

Wandle die Brüche in einen gemeinsamen Nenner um:

a) $\frac{1}{2}$ $\frac{2}{3}$ $\frac{3}{4}$ b) $\frac{3}{7}$ $\frac{1}{2}$

Lösung:

a) $kgV\,(2,3,4) = 12$. Darum werden die Brüche in Zwölftel umgewandelt.

$$12:2 = 6$$
$$\frac{1}{2} = \frac{1\cdot 6}{12} = \underline{\underline{\frac{6}{12}}}$$
$$12:3 = 4$$
$$\frac{2}{3} = \frac{2\cdot 4}{12} = \underline{\underline{\frac{8}{12}}}$$
$$12:4 = 3$$
$$\frac{3}{4} = \frac{3\cdot 3}{12} = \underline{\underline{\frac{9}{12}}}$$

b) $kgV\,(7,2) = 14$. Darum werden die Brüche in Vierzehntel umgewandelt.

$$14:7 = 2$$
$$\frac{3}{7} = \frac{3\cdot 2}{14} = \underline{\underline{\frac{6}{14}}}$$
$$14:2 = 7$$
$$\frac{1}{2} = \frac{1\cdot 7}{14} = \underline{\underline{\frac{7}{14}}}$$

Wandle die zwei Brüche in einen gemeinsamen Nenner um

249. $\frac{1}{3}$ und $\frac{1}{4}$ $\frac{\cdot}{\quad} = \frac{}{}$ und $\frac{\cdot}{\quad} = \frac{}{}$

kgV(,) =

250. $\frac{2}{3}$ und $\frac{3}{8}$ $\frac{\cdot}{\quad} = \frac{}{}$ und $\frac{\cdot}{\quad} = \frac{}{}$

kgV(,) =

251. $\frac{2}{9}$ und $\frac{7}{8}$ $\frac{\cdot}{\quad} = \frac{}{}$ und $\frac{\cdot}{\quad} = \frac{}{}$

kgV(,) =

252. $\frac{2}{9}$ und $\frac{1}{8}$ $\quad \frac{\cdot}{\qquad} = \frac{}{\quad}$ und $\frac{\cdot}{\qquad} = \frac{}{\quad}$

kgV$\left(\quad , \quad \right) =$

253. $\frac{1}{3}$ und $\frac{1}{2}$ $\quad \frac{\cdot}{\qquad} = \frac{}{\quad}$ und $\frac{\cdot}{\qquad} = \frac{}{\quad}$

kgV$\left(\quad , \quad \right) =$

254. $\frac{7}{9}$ und $\frac{1}{8}$ $\quad \frac{\cdot}{\qquad} = \frac{}{\quad}$ und $\frac{\cdot}{\qquad} = \frac{}{\quad}$

kgV$\left(\quad , \quad \right) =$

255. $\frac{1}{3}$ und $\frac{7}{8}$ $\quad \frac{\cdot}{\qquad} = \frac{}{\quad}$ und $\frac{\cdot}{\qquad} = \frac{}{\quad}$

kgV$\left(\quad , \quad \right) =$

256. $\frac{5}{9}$ und $\frac{1}{8}$ $\quad \frac{\cdot}{\qquad} = \frac{}{\quad}$ und $\frac{\cdot}{\qquad} = \frac{}{\quad}$

kgV$\left(\quad , \quad \right) =$

257. $\frac{4}{9}$ und $\frac{1}{4}$ $\quad \frac{\cdot}{\qquad} = \frac{}{\quad}$ und $\frac{\cdot}{\qquad} = \frac{}{\quad}$

kgV$\left(\quad , \quad \right) =$

258. $\frac{4}{9}$ und $\frac{3}{4}$ $\quad \frac{\cdot}{\qquad} = \frac{}{\quad}$ und $\frac{\cdot}{\qquad} = \frac{}{\quad}$

kgV$\left(\quad , \quad \right) =$

259. $\frac{2}{9}$ und $\frac{1}{2}$ $\quad \frac{\cdot}{\qquad} = \frac{}{\quad}$ und $\frac{\cdot}{\qquad} = \frac{}{\quad}$

kgV$\left(\quad , \quad \right) =$

260. $\frac{2}{3}$ und $\frac{1}{8}$ $\quad \frac{\cdot}{\qquad} = \frac{}{\quad}$ und $\frac{\cdot}{\qquad} = \frac{}{\quad}$

kgV$\left(\quad , \quad \right) =$

261. $\frac{1}{3}$ und $\frac{1}{2}$ $\quad \frac{\cdot}{\qquad} = \frac{}{\quad}$ und $\frac{\cdot}{\qquad} = \frac{}{\quad}$

kgV$\left(\quad , \quad \right) =$

262. $\frac{4}{9}$ und $\frac{3}{4}$ $\frac{\cdot}{\quad} = \frac{}{}$ und $\frac{\cdot}{\quad} = \frac{}{}$

kgV$\Big(\quad , \quad \Big) =$

263. $\frac{1}{3}$ und $\frac{3}{4}$ $\frac{\cdot}{\quad} = \frac{}{}$ und $\frac{\cdot}{\quad} = \frac{}{}$

kgV$\Big(\quad , \quad \Big) =$

264. $\frac{7}{9}$ und $\frac{5}{8}$ $\frac{\cdot}{\quad} = \frac{}{}$ und $\frac{\cdot}{\quad} = \frac{}{}$

kgV$\Big(\quad , \quad \Big) =$

265. $\frac{1}{3}$ und $\frac{1}{4}$ $\frac{\cdot}{\quad} = \frac{}{}$ und $\frac{\cdot}{\quad} = \frac{}{}$

kgV$\Big(\quad , \quad \Big) =$

266. $\frac{4}{9}$ und $\frac{5}{8}$ $\frac{\cdot}{\quad} = \frac{}{}$ und $\frac{\cdot}{\quad} = \frac{}{}$

kgV$\Big(\quad , \quad \Big) =$

Wandle die drei Brüche in einen gemeinsamen Nenner um

267. $\frac{1}{3}$; $\frac{1}{2}$; $\frac{5}{8}$ $\frac{\cdot}{\quad} = \frac{}{}$; $\frac{\cdot}{\quad} = \frac{}{}$; $\frac{\cdot}{\quad} = \frac{}{}$

kgV$\Big(\quad , \quad , \quad \Big) =$

268. $\frac{1}{3}$; $\frac{3}{4}$; $\frac{1}{8}$ $\frac{\cdot}{\quad} = \frac{}{}$; $\frac{\cdot}{\quad} = \frac{}{}$; $\frac{\cdot}{\quad} = \frac{}{}$

kgV$\Big(\quad , \quad , \quad \Big) =$

269. $\frac{1}{3}$; $\frac{1}{4}$; $\frac{1}{8}$ $\frac{\cdot}{\quad} = \frac{}{}$; $\frac{\cdot}{\quad} = \frac{}{}$; $\frac{\cdot}{\quad} = \frac{}{}$

kgV$\Big(\quad , \quad , \quad \Big) =$

270. $\frac{1}{3}$; $\frac{3}{4}$; $\frac{3}{8}$ $\frac{\cdot}{\quad} = \frac{}{}$; $\frac{\cdot}{\quad} = \frac{}{}$; $\frac{\cdot}{\quad} = \frac{}{}$

kgV$\Big(\quad , \quad , \quad \Big) =$

271. $\frac{1}{3}$; $\frac{3}{4}$; $\frac{1}{8}$ $\qquad \frac{\cdot}{} = \frac{}{} \; ; \; \frac{\cdot}{} = \frac{}{} \; ; \; \frac{\cdot}{} = \frac{}{}$

kgV$\left(\quad , \quad , \quad \right) =$

272. $\frac{1}{3}$; $\frac{3}{4}$; $\frac{3}{8}$ $\qquad \frac{\cdot}{} = \frac{}{} \; ; \; \frac{\cdot}{} = \frac{}{} \; ; \; \frac{\cdot}{} = \frac{}{}$

kgV$\left(\quad , \quad , \quad \right) =$

273. $\frac{1}{3}$; $\frac{1}{4}$; $\frac{3}{4}$ $\qquad \frac{\cdot}{} = \frac{}{} \; ; \; \frac{\cdot}{} = \frac{}{} \; ; \; \frac{\cdot}{} = \frac{}{}$

kgV$\left(\quad , \quad , \quad \right) =$

274. $\frac{2}{3}$; $\frac{3}{4}$; $\frac{1}{2}$ $\qquad \frac{\cdot}{} = \frac{}{} \; ; \; \frac{\cdot}{} = \frac{}{} \; ; \; \frac{\cdot}{} = \frac{}{}$

kgV$\left(\quad , \quad , \quad \right) =$

275. $\frac{1}{3}$; $\frac{3}{4}$; $\frac{3}{8}$ $\qquad \frac{\cdot}{} = \frac{}{} \; ; \; \frac{\cdot}{} = \frac{}{} \; ; \; \frac{\cdot}{} = \frac{}{}$

kgV$\left(\quad , \quad , \quad \right) =$

276. $\frac{1}{3}$; $\frac{1}{4}$; $\frac{7}{8}$ $\qquad \frac{\cdot}{} = \frac{}{} \; ; \; \frac{\cdot}{} = \frac{}{} \; ; \; \frac{\cdot}{} = \frac{}{}$

kgV$\left(\quad , \quad , \quad \right) =$

277. $\frac{2}{3}$; $\frac{3}{4}$; $\frac{1}{4}$ $\qquad \frac{\cdot}{} = \frac{}{} \; ; \; \frac{\cdot}{} = \frac{}{} \; ; \; \frac{\cdot}{} = \frac{}{}$

kgV$\left(\quad , \quad , \quad \right) =$

278. $\frac{2}{3}$; $\frac{1}{4}$; $\frac{3}{8}$ $\qquad \frac{\cdot}{} = \frac{}{} \; ; \; \frac{\cdot}{} = \frac{}{} \; ; \; \frac{\cdot}{} = \frac{}{}$

kgV$\left(\quad , \quad , \quad \right) =$

279. $\frac{1}{3}$; $\frac{1}{2}$; $\frac{1}{4}$ $\qquad \frac{\cdot}{} = \frac{}{} \; ; \; \frac{\cdot}{} = \frac{}{} \; ; \; \frac{\cdot}{} = \frac{}{}$

kgV$\left(\quad , \quad , \quad \right) =$

280. $\frac{2}{3}$; $\frac{1}{2}$; $\frac{3}{8}$ $\qquad \frac{\cdot}{} = \frac{}{} \; ; \; \frac{\cdot}{} = \frac{}{} \; ; \; \frac{\cdot}{} = \frac{}{}$

kgV$\left(\quad , \quad , \quad \right) =$

281. $\frac{1}{3}$; $\frac{3}{4}$; $\frac{5}{8}$ $\qquad \frac{\quad\cdot\quad}{\qquad} = \frac{}{\quad}$; $\frac{\quad\cdot\quad}{\qquad} = \frac{}{\quad}$; $\frac{\quad\cdot\quad}{\qquad} = \frac{}{\quad}$

kgV$\Big(\quad ,\quad ,\quad \Big) =$

282. $\frac{1}{3}$; $\frac{3}{4}$; $\frac{1}{2}$ $\qquad \frac{\quad\cdot\quad}{\qquad} = \frac{}{\quad}$; $\frac{\quad\cdot\quad}{\qquad} = \frac{}{\quad}$; $\frac{\quad\cdot\quad}{\qquad} = \frac{}{\quad}$

kgV$\Big(\quad ,\quad ,\quad \Big) =$

283. $\frac{1}{3}$; $\frac{1}{4}$; $\frac{7}{8}$ $\qquad \frac{\quad\cdot\quad}{\qquad} = \frac{}{\quad}$; $\frac{\quad\cdot\quad}{\qquad} = \frac{}{\quad}$; $\frac{\quad\cdot\quad}{\qquad} = \frac{}{\quad}$

kgV$\Big(\quad ,\quad ,\quad \Big) =$

284. $\frac{1}{3}$; $\frac{1}{2}$; $\frac{7}{8}$ $\qquad \frac{\quad\cdot\quad}{\qquad} = \frac{}{\quad}$; $\frac{\quad\cdot\quad}{\qquad} = \frac{}{\quad}$; $\frac{\quad\cdot\quad}{\qquad} = \frac{}{\quad}$

kgV$\Big(\quad ,\quad ,\quad \Big) =$

Wandle die vier Brüche in einen gemeinsamen Nenner um

285. $\frac{1}{3}$; $\frac{1}{2}$; $\frac{3}{8}$; $\frac{5}{12}$ $\frac{\quad\cdot\quad}{\qquad} = \frac{}{\quad}$; $\frac{\quad\cdot\quad}{\qquad} = \frac{}{\quad}$

$\frac{\quad\cdot\quad}{\qquad} = \frac{}{\quad}$; $\frac{\quad\cdot\quad}{\qquad} = \frac{}{\quad}$

kgV$\Big(\quad ,\quad ,\quad ,\quad \Big) =$

286. $\frac{1}{3}$; $\frac{1}{2}$; $\frac{3}{4}$; $\frac{1}{4}$ $\frac{\quad\cdot\quad}{\qquad} = \frac{}{\quad}$; $\frac{\quad\cdot\quad}{\qquad} = \frac{}{\quad}$

$\frac{\quad\cdot\quad}{\qquad} = \frac{}{\quad}$; $\frac{\quad\cdot\quad}{\qquad} = \frac{}{\quad}$

kgV$\Big(\quad ,\quad ,\quad ,\quad \Big) =$

287. $\frac{1}{3}$; $\frac{3}{4}$; $\frac{5}{8}$; $\frac{1}{6}$ $\frac{\quad\cdot\quad}{\qquad} = \frac{}{\quad}$; $\frac{\quad\cdot\quad}{\qquad} = \frac{}{\quad}$

$\frac{\quad\cdot\quad}{\qquad} = \frac{}{\quad}$; $\frac{\quad\cdot\quad}{\qquad} = \frac{}{\quad}$

kgV$\Big(\quad ,\quad ,\quad ,\quad \Big) =$

288. $\frac{1}{3}$; $\frac{3}{4}$; $\frac{1}{2}$; $\frac{11}{12}$ $\frac{\quad\cdot\quad}{\qquad} = \frac{\quad}{\quad}$; $\frac{\quad\cdot\quad}{\qquad} = \frac{\quad}{\quad}$

$\frac{\quad\cdot\quad}{\qquad} = \frac{\quad}{\quad}$; $\frac{\quad\cdot\quad}{\qquad} = \frac{\quad}{\quad}$

kgV $\left(\quad,\quad,\quad,\quad\right) =$

289. $\frac{2}{3}$; $\frac{1}{2}$; $\frac{5}{8}$; $\frac{1}{6}$ $\frac{\quad\cdot\quad}{\qquad} = \frac{\quad}{\quad}$; $\frac{\quad\cdot\quad}{\qquad} = \frac{\quad}{\quad}$

$\frac{\quad\cdot\quad}{\qquad} = \frac{\quad}{\quad}$; $\frac{\quad\cdot\quad}{\qquad} = \frac{\quad}{\quad}$

kgV $\left(\quad,\quad,\quad,\quad\right) =$

290. $\frac{1}{3}$; $\frac{3}{4}$; $\frac{1}{8}$; $\frac{1}{6}$ $\frac{\quad\cdot\quad}{\qquad} = \frac{\quad}{\quad}$; $\frac{\quad\cdot\quad}{\qquad} = \frac{\quad}{\quad}$

$\frac{\quad\cdot\quad}{\qquad} = \frac{\quad}{\quad}$; $\frac{\quad\cdot\quad}{\qquad} = \frac{\quad}{\quad}$

kgV $\left(\quad,\quad,\quad,\quad\right) =$

291. $\frac{1}{3}$; $\frac{3}{4}$; $\frac{1}{4}$; $\frac{3}{4}$ $\frac{\quad\cdot\quad}{\qquad} = \frac{\quad}{\quad}$; $\frac{\quad\cdot\quad}{\qquad} = \frac{\quad}{\quad}$

$\frac{\quad\cdot\quad}{\qquad} = \frac{\quad}{\quad}$; $\frac{\quad\cdot\quad}{\qquad} = \frac{\quad}{\quad}$

kgV $\left(\quad,\quad,\quad,\quad\right) =$

292. $\frac{1}{3}$; $\frac{1}{2}$; $\frac{7}{8}$; $\frac{1}{2}$ $\frac{\quad\cdot\quad}{\qquad} = \frac{\quad}{\quad}$; $\frac{\quad\cdot\quad}{\qquad} = \frac{\quad}{\quad}$

$\frac{\quad\cdot\quad}{\qquad} = \frac{\quad}{\quad}$; $\frac{\quad\cdot\quad}{\qquad} = \frac{\quad}{\quad}$

kgV $\left(\quad,\quad,\quad,\quad\right) =$

293. $\frac{1}{3}$; $\frac{1}{4}$; $\frac{5}{8}$; $\frac{5}{12}$ $\frac{\quad\cdot\quad}{\qquad} = \frac{\quad}{\quad}$; $\frac{\quad\cdot\quad}{\qquad} = \frac{\quad}{\quad}$

$\frac{\quad\cdot\quad}{\qquad} = \frac{\quad}{\quad}$; $\frac{\quad\cdot\quad}{\qquad} = \frac{\quad}{\quad}$

kgV $\left(\quad,\quad,\quad,\quad\right) =$

294. $\frac{1}{3}$; $\frac{3}{4}$; $\frac{1}{2}$; $\frac{11}{12}$ $\frac{\cdot}{} = \frac{}{}$; $\frac{\cdot}{} = \frac{}{}$

$\frac{\cdot}{} = \frac{}{}$; $\frac{\cdot}{} = \frac{}{}$

kgV(, , ,) =

295. $\frac{1}{3}$; $\frac{1}{4}$; $\frac{3}{8}$; $\frac{1}{12}$ $\frac{\cdot}{} = \frac{}{}$; $\frac{\cdot}{} = \frac{}{}$

$\frac{\cdot}{} = \frac{}{}$; $\frac{\cdot}{} = \frac{}{}$

kgV(, , ,) =

296. $\frac{1}{3}$; $\frac{1}{2}$; $\frac{7}{8}$; $\frac{1}{6}$ $\frac{\cdot}{} = \frac{}{}$; $\frac{\cdot}{} = \frac{}{}$

$\frac{\cdot}{} = \frac{}{}$; $\frac{\cdot}{} = \frac{}{}$

kgV(, , ,) =

297. $\frac{2}{3}$; $\frac{1}{4}$; $\frac{7}{8}$; $\frac{5}{6}$ $\frac{\cdot}{} = \frac{}{}$; $\frac{\cdot}{} = \frac{}{}$

$\frac{\cdot}{} = \frac{}{}$; $\frac{\cdot}{} = \frac{}{}$

kgV(, , ,) =

298. $\frac{2}{3}$; $\frac{1}{4}$; $\frac{3}{4}$; $\frac{1}{12}$ $\frac{\cdot}{} = \frac{}{}$; $\frac{\cdot}{} = \frac{}{}$

$\frac{\cdot}{} = \frac{}{}$; $\frac{\cdot}{} = \frac{}{}$

kgV(, , ,) =

299. $\frac{1}{3}$; $\frac{1}{4}$; $\frac{1}{4}$; $\frac{5}{12}$ $\frac{\cdot}{} = \frac{}{}$; $\frac{\cdot}{} = \frac{}{}$

$\frac{\cdot}{} = \frac{}{}$; $\frac{\cdot}{} = \frac{}{}$

kgV(, , ,) =

300. $\frac{2}{3};\ \frac{3}{4};\ \frac{3}{8};\ \frac{1}{2}$ $\quad \frac{\quad\cdot\quad}{\qquad} = \frac{\quad}{\quad};\ \frac{\quad\cdot\quad}{\qquad} = \frac{\quad}{\quad}$

$\frac{\quad\cdot\quad}{\qquad} = \frac{\quad}{\quad};\ \frac{\quad\cdot\quad}{\qquad} = \frac{\quad}{\quad}$

kgV$\left(\quad,\quad,\quad,\quad\right) =$

301. $\frac{2}{3};\ \frac{1}{2};\ \frac{7}{8};\ \frac{1}{12}$ $\quad \frac{\quad\cdot\quad}{\qquad} = \frac{\quad}{\quad};\ \frac{\quad\cdot\quad}{\qquad} = \frac{\quad}{\quad}$

$\frac{\quad\cdot\quad}{\qquad} = \frac{\quad}{\quad};\ \frac{\quad\cdot\quad}{\qquad} = \frac{\quad}{\quad}$

kgV$\left(\quad,\quad,\quad,\quad\right) =$

302. $\frac{2}{3};\ \frac{3}{4};\ \frac{5}{8};\ \frac{3}{4}$ $\quad \frac{\quad\cdot\quad}{\qquad} = \frac{\quad}{\quad};\ \frac{\quad\cdot\quad}{\qquad} = \frac{\quad}{\quad}$

$\frac{\quad\cdot\quad}{\qquad} = \frac{\quad}{\quad};\ \frac{\quad\cdot\quad}{\qquad} = \frac{\quad}{\quad}$

kgV$\left(\quad,\quad,\quad,\quad\right) =$

Brüche mit gleichem Nenner werden addiert, indem deren Zähler addiert werden und deren Nenner gleich bleiben.

$$\frac{3}{7} + \frac{1}{7} = \frac{3+1}{7} = \frac{4}{7}$$

Brüche mit gleichem Nenner werden subtrahiert, indem deren Zähler subtrahiert werden und deren Nenner gleich bleiben.

$$\frac{3}{7} - \frac{1}{7} = \frac{3-1}{7} = \frac{2}{7}$$

Aufgabe 8.2

Addiere oder subtrahiere die Brüche mit dem gleichen Nenner:

	Lösung:
a) $\frac{2}{8}+\frac{5}{8}$	a) $\frac{2}{8}+\frac{5}{8}=\frac{2+5}{8}=\underline{\underline{\frac{7}{8}}}$
b) $\frac{5}{9}+\frac{8}{9}$	b) $\frac{5}{9}+\frac{8}{9}=\frac{5+8}{9}=\underline{\underline{\frac{13}{9}}}$
c) $\frac{6}{8}-\frac{5}{8}$	c) $\frac{6}{8}-\frac{5}{8}=\frac{6-5}{8}=\underline{\underline{\frac{1}{8}}}$
d) $\frac{5}{7}-\frac{6}{7}$	d) $\frac{5}{7}-\frac{6}{7}=\frac{5-6}{7}=\underline{\underline{-\frac{1}{7}}}$

Addiere die Brüche mit dem gleichen Nenner

303. $\frac{5}{7}+\frac{4}{7}=\frac{\quad+\quad}{\quad}=\frac{}{}$ **311.** $\frac{3}{6}+\frac{5}{6}=\frac{\quad+\quad}{\quad}=\frac{}{}$

304. $\frac{2}{3}+\frac{3}{3}=\frac{\quad+\quad}{\quad}=\frac{}{}$ **312.** $\frac{2}{4}+\frac{2}{4}=\frac{\quad+\quad}{\quad}=\frac{}{}$

305. $\frac{2}{2}+\frac{2}{2}=\frac{\quad+\quad}{\quad}=\frac{}{}$ **313.** $\frac{3}{8}+\frac{5}{8}=\frac{\quad+\quad}{\quad}=\frac{}{}$

306. $\frac{2}{8}+\frac{4}{8}=\frac{\quad+\quad}{\quad}=\frac{}{}$ **314.** $\frac{3}{4}+\frac{4}{4}=\frac{\quad+\quad}{\quad}=\frac{}{}$

307. $\frac{2}{2}+\frac{2}{2}=\frac{\quad+\quad}{\quad}=\frac{}{}$ **315.** $\frac{2}{6}+\frac{4}{6}=\frac{\quad+\quad}{\quad}=\frac{}{}$

308. $\frac{4}{10}+\frac{7}{10}=\frac{\quad+\quad}{\quad}=\frac{}{}$ **316.** $\frac{7}{8}+\frac{2}{8}=\frac{\quad+\quad}{\quad}=\frac{}{}$

309. $\frac{2}{7}+\frac{2}{7}=\frac{\quad+\quad}{\quad}=\frac{}{}$ **317.** $\frac{8}{10}+\frac{4}{10}=\frac{\quad+\quad}{\quad}=\frac{}{}$

310. $\frac{2}{2}+\frac{2}{2}=\frac{\quad+\quad}{\quad}=\frac{}{}$ **318.** $\frac{2}{2}+\frac{2}{2}=\frac{\quad+\quad}{\quad}=\frac{}{}$

Subtrahiere die Brüche mit dem gleichen Nenner

319. $\frac{6}{9} - \frac{3}{9} = \frac{\quad - \quad}{\qquad\qquad} = \underline{\qquad}$

320. $\frac{6}{10} - \frac{2}{10} = \frac{\quad - \quad}{\qquad\qquad} = \underline{\qquad}$

321. $\frac{4}{4} - \frac{3}{4} = \frac{\quad - \quad}{\qquad\qquad} = \underline{\qquad}$

322. $\frac{8}{8} - \frac{5}{8} = \frac{\quad - \quad}{\qquad\qquad} = \underline{\qquad}$

323. $\frac{2}{2} - \frac{1}{2} = \frac{\quad - \quad}{\qquad\qquad} = \underline{\qquad}$

324. $\frac{5}{6} - \frac{4}{6} = \frac{\quad - \quad}{\qquad\qquad} = \underline{\qquad}$

325. $\frac{2}{3} - \frac{2}{3} = \frac{\quad - \quad}{\qquad\qquad} = \underline{\qquad}$

326. $\frac{2}{4} - \frac{1}{4} = \frac{\quad - \quad}{\qquad\qquad} = \underline{\qquad}$

327. $\frac{7}{10} - \frac{6}{10} = \frac{\quad - \quad}{\qquad\qquad} = \underline{\qquad}$

328. $\frac{4}{4} - \frac{2}{4} = \frac{\quad - \quad}{\qquad\qquad} = \underline{\qquad}$

329. $\frac{5}{9} - \frac{3}{9} = \frac{\quad - \quad}{\qquad\qquad} = \underline{\qquad}$

330. $\frac{5}{10} - \frac{3}{10} = \frac{\quad - \quad}{\qquad\qquad} = \underline{\qquad}$

331. $\frac{2}{2} - \frac{2}{2} = \frac{\quad - \quad}{\qquad\qquad} = \underline{\qquad}$

332. $\frac{2}{3} - \frac{1}{3} = \frac{\quad - \quad}{\qquad\qquad} = \underline{\qquad}$

333. $\frac{5}{6} - \frac{2}{6} = \frac{\quad - \quad}{\qquad\qquad} = \underline{\qquad}$

334. $\frac{3}{5} - \frac{2}{5} = \frac{\quad - \quad}{\qquad\qquad} = \underline{\qquad}$

9. Berechnung von Brüchen mit verschiedenen Nennern (Variante I)

Rechenvorgang:

1. Die Brüche werden in einen gleichen Nenner umgewandelt.
2. Danach werden die Brüche addiert oder subtrahiert.
3. Kommt am Ende ein unechter Bruch heraus, wird dieser in eine gemischte Zahl umgewandelt.

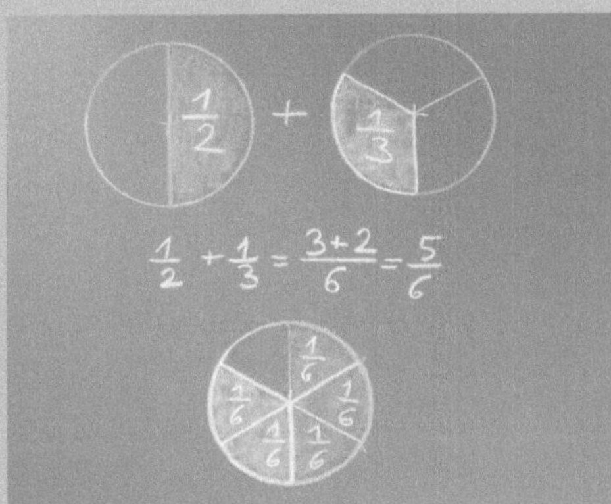

Aufgabe 9.1

Addiere oder subtrahiere die Brüche mit unterschiedlichen Nennern:

a) $\frac{2}{3} + \frac{3}{4}$

b) $\frac{3}{5} + \frac{8}{9}$

c) $\frac{5}{4} - \frac{2}{3}$

d) $\frac{4}{5} - \frac{2}{3}$

Lösung:

a) $\frac{2}{3} + \frac{3}{4} = \frac{2\cdot4+3\cdot3}{3\cdot4} = \frac{8+9}{12} = \frac{17}{12} = \underline{\underline{1\frac{5}{12}}}$

b) $\frac{3}{5} + \frac{8}{9} = \frac{3\cdot9+8\cdot5}{5\cdot9} = \frac{27+40}{45} = \frac{67}{45} = \underline{\underline{1\frac{22}{45}}}$

c) $\frac{5}{4} - \frac{2}{3} = \frac{5\cdot3-2\cdot4}{4\cdot3} = \frac{15-8}{12} = \underline{\underline{\frac{7}{12}}}$

d) $\frac{4}{5} - \frac{2}{3} = \frac{4\cdot3-2\cdot5}{5\cdot3} = \frac{12-10}{15} = \underline{\underline{\frac{2}{15}}}$

Wandle in einen gemeinsamen Nenner um und addiere

335. $\frac{6}{7} + \frac{1}{2} = \frac{\cdot \quad + \quad \cdot}{\cdot} = \frac{\quad}{\quad} = \frac{\quad}{\quad}$

336. $\frac{1}{3} + \frac{1}{5} = \frac{\cdot \quad + \quad \cdot}{\cdot} = \frac{\quad}{\quad}$

337. $\frac{1}{3} + \frac{6}{13} = \frac{\cdot \quad + \quad \cdot}{\cdot} = \frac{\quad}{\quad}$

338. $\frac{4}{7} + \frac{5}{11} = \frac{\cdot \quad + \quad \cdot}{\cdot} = \frac{\quad}{\quad} = \frac{\quad}{\quad}$

339. $\frac{2}{15} + \frac{4}{9} = \frac{\cdot \quad + \quad \cdot}{\cdot} = \frac{\quad}{\quad} = \frac{\quad}{\quad}$

340. $\frac{1}{14} + \frac{1}{2} = \frac{\cdot \quad + \quad \cdot}{\cdot} = \frac{\quad}{\quad} = \frac{\quad}{\quad}$

341. $\frac{1}{2} + \frac{1}{8} = \frac{\cdot \quad + \quad \cdot}{\cdot} = \frac{\quad}{\quad} = \frac{\quad}{\quad}$

342. $\frac{7}{16} + \frac{5}{7} = \frac{\cdot \quad + \quad \cdot}{\cdot} = \frac{\quad}{\quad} = \frac{\quad}{\quad}$

343. $\frac{1}{9} + \frac{1}{3} = \frac{\cdot \quad + \quad \cdot}{\cdot} = \frac{\quad}{\quad} = \frac{\quad}{\quad}$

344. $\frac{5}{16} + \frac{1}{3} = \frac{\cdot \quad + \quad \cdot}{\cdot} = \frac{\quad}{\quad}$

345. $\frac{1}{3} + \frac{4}{5} = \frac{\cdot \quad + \quad \cdot}{\cdot} = \frac{\quad}{\quad} = \frac{\quad}{\quad}$

346. $\frac{7}{8} + \frac{3}{10} = \frac{\cdot \quad + \quad \cdot}{\cdot} = \frac{\quad}{\quad} = \frac{\quad}{\quad} = \frac{\quad}{\quad}$

347. $\frac{1}{6} + \frac{2}{3} = \frac{\cdot \quad + \quad \cdot}{\cdot} = \frac{\quad}{\quad} = \frac{\quad}{\quad}$

348. $\frac{2}{15} + \frac{1}{11} = \frac{\cdot \quad + \quad \cdot}{\cdot} = \frac{\quad}{\quad}$

349. $\frac{2}{3} + \frac{5}{12} = \frac{\cdot \quad + \quad \cdot}{\cdot} = \frac{\quad}{\quad} = \frac{\quad}{\quad} = \frac{\quad}{\quad}$

350. $\frac{5}{8} + \frac{2}{3} = \frac{\cdot \quad + \quad \cdot}{\cdot} = \frac{\quad}{\quad} = \frac{\quad}{\quad}$

351. $\frac{3}{8} + \frac{5}{11} = \frac{\cdot + \cdot}{\cdot} = \frac{}{}$

352. $\frac{1}{2} + \frac{8}{9} = \frac{\cdot + \cdot}{\cdot} = \frac{}{} = \frac{}{}$

353. $\frac{2}{3} + \frac{6}{11} = \frac{\cdot + \cdot}{\cdot} = \frac{}{} = \frac{}{}$

354. $\frac{4}{13} + \frac{3}{7} = \frac{\cdot + \cdot}{\cdot} = \frac{}{}$

Wandle in einen gemeinsamen Nenner um und subtrahiere

355. $\frac{12}{13} - \frac{1}{4} = \frac{\cdot - \cdot}{\cdot} = \frac{}{}$

356. $\frac{1}{2} - \frac{2}{3} = \frac{\cdot - \cdot}{\cdot} = \frac{}{}$

357. $\frac{3}{10} - \frac{1}{2} = \frac{\cdot - \cdot}{\cdot} = \frac{}{} = \frac{}{}$

358. $\frac{7}{15} - \frac{1}{10} = \frac{\cdot - \cdot}{\cdot} = \frac{}{} = \frac{}{}$

359. $\frac{5}{6} - \frac{2}{3} = \frac{\cdot - \cdot}{\cdot} = \frac{}{} = \frac{}{}$

360. $\frac{2}{3} - \frac{3}{11} = \frac{\cdot - \cdot}{\cdot} = \frac{}{}$

361. $\frac{1}{3} - \frac{2}{9} = \frac{\cdot - \cdot}{\cdot} = \frac{}{} = \frac{}{}$

362. $\frac{3}{8} - \frac{2}{3} = \frac{\cdot - \cdot}{\cdot} = \frac{}{}$

363. $\frac{7}{8} - \frac{2}{5} = \frac{\cdot - \cdot}{\cdot} = \frac{}{}$

364. $\frac{1}{8} - \frac{1}{2} = \frac{\cdot - \cdot}{\cdot} = \frac{}{} = \frac{}{}$

365. $\frac{3}{8} - \frac{3}{4} = \frac{\cdot - \cdot}{\cdot} = \frac{}{} = \frac{}{}$

366. $\frac{1}{2} - \frac{1}{3} = \frac{\cdot \; - \; \cdot}{\cdot} = \text{—}$

367. $\frac{5}{6} - \frac{1}{2} = \frac{\cdot \; - \; \cdot}{\cdot} = \text{—} = \text{—}$

368. $\frac{2}{3} - \frac{11}{12} = \frac{\cdot \; - \; \cdot}{\cdot} = \text{—} = \text{—}$

369. $\frac{5}{6} - \frac{11}{15} = \frac{\cdot \; - \; \cdot}{\cdot} = \text{—} = \text{—}$

370. $\frac{1}{2} - \frac{1}{5} = \frac{\cdot \; - \; \cdot}{\cdot} = \text{—}$

371. $\frac{1}{4} - \frac{1}{2} = \frac{\cdot \; - \; \cdot}{\cdot} = \text{—} = \text{—}$

372. $\frac{2}{5} - \frac{4}{7} = \frac{\cdot \; - \; \cdot}{\cdot} = \text{—}$

373. $\frac{1}{11} - \frac{1}{2} = \frac{\cdot \; - \; \cdot}{\cdot} = \text{—}$

374. $\frac{1}{3} - \frac{3}{13} = \frac{\cdot \; - \; \cdot}{\cdot} = \text{—}$

10. Berechnung von Brüchen mit verschiedenen Nennern (Variante II)

Rechenvorgang:

1. Die Brüche werden in einen gleichen Nenner umgewandelt.
2. Danach werden die Brüche addiert oder subtrahiert.
3. Kommt am Ende ein unechter Bruch heraus, wird dieser in eine gemischte Zahl umgewandelt.

Aufgabe 10.1

Addiere oder subtrahiere die Brüche mit unterschiedlichen Nennern:

a) $\frac{2}{3} + \frac{3}{4}$

b) $\frac{3}{5} - \frac{8}{9}$

Lösung:

a) $\frac{2}{3}+\frac{3}{4} = \frac{8}{12} + \frac{9}{12} = \frac{17}{12} = 1\frac{5}{12}$

$kgV\,(3,4) = 12 \qquad 12:3\cdot 2 = 8 \qquad 12:4\cdot 3 = 9$

b) $\frac{3}{5}-\frac{8}{9} = \frac{27}{45} - \frac{40}{45} = \frac{-13}{45}$

$kgV\,(5,9) = 45 \qquad 45:5\cdot 3 = 27 \qquad 45:9\cdot 8 = 40$

Wandle in einen gemeinsamen Nenner um, addiere und kürze

375. $\frac{7}{15}+\frac{1}{2} = \frac{\quad + \quad}{\qquad} = \frac{\quad}{\quad}$

kgV(,) =

376. $\frac{1}{2}+\frac{2}{5} = \frac{\quad + \quad}{\qquad} = \frac{\quad}{\quad}$

kgV(,) =

377. $\frac{2}{13}+\frac{3}{5} = \frac{\quad + \quad}{\qquad} = \frac{\quad}{\quad}$

kgV(,) =

378. $\frac{6}{11}+\frac{1}{6} = \frac{\quad + \quad}{\qquad} = \frac{\quad}{\quad}$

kgV(,) =

379. $\frac{3}{8}+\frac{2}{15} = \frac{\quad + \quad}{\qquad} = \frac{\quad}{\quad}$

kgV(,) =

380. $\frac{7}{10}+\frac{1}{5} = \frac{\quad + \quad}{\qquad} = \frac{\quad}{\quad}$

kgV(,) =

381. $\frac{6}{11}+\frac{5}{13} = \frac{\quad + \quad}{\qquad} = \frac{\quad}{\quad}$

kgV(,) =

382. $\frac{1}{2} + \frac{2}{15} = \frac{\quad + \quad}{\qquad} = \frac{\quad}{\quad}$

kgV$\left(\quad , \quad \right) =$

383. $\frac{2}{5} + \frac{3}{11} = \frac{\quad + \quad}{\qquad} = \frac{\quad}{\quad}$

kgV$\left(\quad , \quad \right) =$

384. $\frac{1}{15} + \frac{11}{16} = \frac{\quad + \quad}{\qquad} = \frac{\quad}{\quad}$

kgV$\left(\quad , \quad \right) =$

385. $\frac{4}{5} + \frac{1}{2} = \frac{\quad + \quad}{\qquad} = \frac{\quad}{\quad} = \quad \frac{\quad}{\quad}$

kgV$\left(\quad , \quad \right) =$

386. $\frac{1}{3} + \frac{14}{15} = \frac{\quad + \quad}{\qquad} = \frac{\quad}{\quad} = \quad \frac{\quad}{\quad}$

kgV$\left(\quad , \quad \right) =$

387. $\frac{6}{13} + \frac{1}{15} = \frac{\quad + \quad}{\qquad} = \frac{\quad}{\quad}$

kgV$\left(\quad , \quad \right) =$

388. $\frac{1}{5} + \frac{1}{4} = \frac{\quad + \quad}{\qquad} = \frac{\quad}{\quad}$

kgV$\left(\quad , \quad \right) =$

389. $\frac{4}{5} + \frac{3}{7} = \frac{\quad + \quad}{\qquad} = \frac{\quad}{\quad} = \quad \frac{\quad}{\quad}$

kgV$\left(\quad , \quad \right) =$

390. $\frac{1}{3} + \frac{3}{4} = \frac{\quad + \quad}{\qquad} = \frac{\quad}{\quad} = \quad \frac{\quad}{\quad}$

kgV$\left(\quad , \quad \right) =$

391. $\frac{4}{7} + \frac{2}{3} = \frac{\quad + \quad}{\qquad} = \frac{\quad}{\quad} = \quad \frac{\quad}{\quad}$

kgV$\left(\quad , \quad \right) =$

392. $\frac{1}{4} + \frac{2}{7} = \frac{\quad + \quad}{\qquad} = \frac{\quad}{\quad}$

kgV(,) =

Wandle in einen gemeinsamen Nenner um, subtrahiere und kürze

393. $\frac{1}{2} - \frac{3}{4} = \frac{\quad - \quad}{\qquad} = \frac{\quad}{\quad}$

kgV(,) =

394. $\frac{1}{9} - \frac{11}{13} = \frac{\quad - \quad}{\qquad} = \frac{\quad}{\quad}$

kgV(,) =

395. $\frac{1}{2} - \frac{5}{7} = \frac{\quad - \quad}{\qquad} = \frac{\quad}{\quad}$

kgV(,) =

396. $\frac{3}{4} - \frac{3}{10} = \frac{\quad - \quad}{\qquad} = \frac{\quad}{\quad}$

kgV(,) =

397. $\frac{1}{2} - \frac{2}{3} = \frac{\quad - \quad}{\qquad} = \frac{\quad}{\quad}$

kgV(,) =

398. $\frac{6}{7} - \frac{5}{6} = \frac{\quad - \quad}{\qquad} = \frac{\quad}{\quad}$

kgV(,) =

399. $\frac{1}{2} - \frac{4}{5} = \frac{\quad - \quad}{\qquad} = \frac{\quad}{\quad}$

kgV(,) =

400. $\frac{3}{14} - \frac{4}{7} = \frac{\quad - \quad}{\qquad} = \frac{\quad}{\quad}$

kgV(,) =

401. $\frac{4}{5} - \frac{5}{6} = \frac{\quad - \quad}{\qquad\qquad} = \frac{\quad}{\quad}$

kgV$\left(\quad , \quad \right) =$

402. $\frac{6}{7} - \frac{1}{2} = \frac{\quad - \quad}{\qquad\qquad} = \frac{\quad}{\quad}$

kgV$\left(\quad , \quad \right) =$

403. $\frac{1}{3} - \frac{11}{15} = \frac{\quad - \quad}{\qquad\qquad} = \frac{\quad}{\quad} = \frac{\quad}{\quad}$

kgV$\left(\quad , \quad \right) =$

404. $\frac{1}{3} - \frac{6}{13} = \frac{\quad - \quad}{\qquad\qquad} = \frac{\quad}{\quad}$

kgV$\left(\quad , \quad \right) =$

405. $\frac{2}{3} - \frac{1}{5} = \frac{\quad - \quad}{\qquad\qquad} = \frac{\quad}{\quad}$

kgV$\left(\quad , \quad \right) =$

406. $\frac{3}{4} - \frac{1}{16} = \frac{\quad - \quad}{\qquad\qquad} = \frac{\quad}{\quad}$

kgV$\left(\quad , \quad \right) =$

407. $\frac{15}{16} - \frac{11}{13} = \frac{\quad - \quad}{\qquad\qquad} = \frac{\quad}{\quad}$

kgV$\left(\quad , \quad \right) =$

408. $\frac{3}{4} - \frac{11}{14} = \frac{\quad - \quad}{\qquad\qquad} = \frac{\quad}{\quad}$

kgV$\left(\quad , \quad \right) =$

409. $\frac{5}{8} - \frac{1}{2} = \frac{\quad - \quad}{\qquad\qquad} = \frac{\quad}{\quad}$

kgV$\left(\quad , \quad \right) =$

410. $\frac{1}{2} - \frac{3}{13} = \frac{\quad - \quad}{\qquad\qquad} = \frac{\quad}{\quad}$

kgV$\left(\quad , \quad \right) =$

11. Vergleichen von Brüchen je nach Wert

Von zwei Brüchen, die einen gleichen Nenner haben, ist derjenige der **größere** , der den **größeren** Zähler hat.

$\frac{6}{9} \quad \frac{4}{9} \quad 6 > 4 \quad \Rightarrow \quad \frac{6}{9} > \frac{4}{9}$

Aufgabe 11.1

Vergleiche die Brüche anhand des gleichen Nenners:

a) $\frac{2}{3} \quad \frac{5}{6}$ b) $\frac{3}{7} \quad \frac{1}{2}$

Lösung:

a) $kgV\,(3,6) = 6$. Darum werden die Brüche in Sechstel umgewandelt.

$\frac{2}{3} = \frac{4}{6}$

$\frac{5}{6} = \frac{5}{6} \qquad 4 < 5 \quad \Rightarrow \quad \frac{4}{6} < \frac{5}{6} \quad \Rightarrow \quad \underline{\underline{\frac{2}{3} < \frac{5}{6}}}$

b) $kgV\,(7,2) = 14$. Darum werden die Brüche in Vierzehntel umgewandelt.

$\frac{3}{7} = \frac{6}{14}$

$\frac{1}{2} = \frac{7}{14} \qquad 6 < 7 \quad \Rightarrow \quad \frac{6}{14} < \frac{7}{14} \quad \Rightarrow \quad \underline{\underline{\frac{3}{7} < \frac{1}{2}}}$

Vergleiche die Brüche anhand des gleichen Nenners

411. $\dfrac{3}{5}$ und $\dfrac{6}{5}$ $\frac{3}{5} < \frac{6}{5}$ $\frac{3}{5} > \frac{6}{5}$

412. $\dfrac{7}{9}$ und $\dfrac{3}{9}$ $\frac{7}{9} < \frac{3}{9}$ $\frac{7}{9} > \frac{3}{9}$

413. $\dfrac{7}{9}$ und $\dfrac{5}{9}$ $\frac{7}{9} < \frac{5}{9}$ $\frac{7}{9} > \frac{5}{9}$

414. $\dfrac{2}{3}$ und $\dfrac{4}{3}$ $\frac{2}{3} < \frac{4}{3}$ $\frac{2}{3} > \frac{4}{3}$

415. $\dfrac{2}{4}$ und $\dfrac{3}{4}$ $\frac{2}{4} < \frac{3}{4}$ $\frac{2}{4} > \frac{3}{4}$

416. $\dfrac{5}{2}$ und $\dfrac{7}{2}$ $\frac{5}{2} < \frac{7}{2}$ $\frac{5}{2} > \frac{7}{2}$

417. $\dfrac{3}{9}$ und $\dfrac{2}{9}$ $\frac{3}{9} < \frac{2}{9}$ $\frac{3}{9} > \frac{2}{9}$

418. $\frac{8}{10}$ und $\frac{3}{10}$ $\frac{8}{10} < \frac{3}{10}$ $\frac{8}{10} > \frac{3}{10}$

419. $\frac{7}{5}$ und $\frac{9}{5}$ $\frac{7}{5} < \frac{9}{5}$ $\frac{7}{5} > \frac{9}{5}$

420. $\frac{6}{5}$ und $\frac{9}{5}$ $\frac{6}{5} < \frac{9}{5}$ $\frac{6}{5} > \frac{9}{5}$

421. $\frac{7}{5}$ und $\frac{9}{5}$ $\frac{7}{5} < \frac{9}{5}$ $\frac{7}{5} > \frac{9}{5}$

422. $\frac{10}{9}$ und $\frac{6}{9}$ $\frac{10}{9} < \frac{6}{9}$ $\frac{10}{9} > \frac{6}{9}$

423. $\frac{6}{3}$ und $\frac{8}{3}$ $\frac{6}{3} < \frac{8}{3}$ $\frac{6}{3} > \frac{8}{3}$

424. $\frac{6}{2}$ und $\frac{8}{2}$ $\frac{6}{2} < \frac{8}{2}$ $\frac{6}{2} > \frac{8}{2}$

425. $\frac{3}{5}$ und $\frac{7}{5}$ $\frac{3}{5} < \frac{7}{5}$ $\frac{3}{5} > \frac{7}{5}$

426. $\frac{9}{6}$ und $\frac{2}{6}$ $\frac{9}{6} < \frac{2}{6}$ $\frac{9}{6} > \frac{2}{6}$

427. $\frac{4}{7}$ und $\frac{8}{7}$ $\frac{4}{7} < \frac{8}{7}$ $\frac{4}{7} > \frac{8}{7}$

428. $\frac{8}{4}$ und $\frac{9}{4}$ $\frac{8}{4} < \frac{9}{4}$ $\frac{8}{4} > \frac{9}{4}$

429. $\frac{7}{9}$ und $\frac{2}{9}$ $\frac{7}{9} < \frac{2}{9}$ $\frac{7}{9} > \frac{2}{9}$

430. $\frac{9}{3}$ und $\frac{10}{3}$ $\frac{9}{3} < \frac{10}{3}$ $\frac{9}{3} > \frac{10}{3}$

431. $\frac{8}{3}$ und $\frac{10}{3}$ $\frac{8}{3} < \frac{10}{3}$ $\frac{8}{3} > \frac{10}{3}$

432. $\frac{9}{4}$ und $\frac{7}{4}$ $\frac{9}{4} < \frac{7}{4}$ $\frac{9}{4} > \frac{7}{4}$

Vergleiche die Brüche anhand des gleichen Nenners II

433. $\frac{5}{6}$ und $\frac{7}{10} = \frac{}{}$ und $\frac{}{}$ $\frac{5}{6} < \frac{7}{10}$ $\frac{5}{6} > \frac{7}{10}$ $\frac{5}{6} = \frac{7}{10}$

kgV$\left(\quad , \quad \right) =$

434. $\frac{2}{6}$ und $\frac{2}{3} = \frac{}{}$ und $\frac{}{}$ $\frac{2}{6} < \frac{2}{3}$ $\frac{2}{6} > \frac{2}{3}$ $\frac{2}{6} = \frac{2}{3}$

kgV$\left(\quad , \quad \right) =$

435. $\frac{4}{6}$ und $\frac{6}{9}$ $=$ — und — $\frac{4}{6} < \frac{6}{9}$ $\frac{4}{6} > \frac{6}{9}$ $\frac{4}{6} = \frac{6}{9}$

kgV(,) =

436. $\frac{2}{5}$ und $\frac{2}{4}$ $=$ — und — $\frac{2}{5} < \frac{2}{4}$ $\frac{2}{5} > \frac{2}{4}$ $\frac{2}{5} = \frac{2}{4}$

kgV(,) =

437. $\frac{4}{9}$ und $\frac{6}{8}$ $=$ — und — $\frac{4}{9} < \frac{6}{8}$ $\frac{4}{9} > \frac{6}{8}$ $\frac{4}{9} = \frac{6}{8}$

kgV(,) =

438. $\frac{3}{6}$ und $\frac{3}{5}$ $=$ — und — $\frac{3}{6} < \frac{3}{5}$ $\frac{3}{6} > \frac{3}{5}$ $\frac{3}{6} = \frac{3}{5}$

kgV(,) =

439. $\frac{4}{5}$ und $\frac{3}{4}$ $=$ — und — $\frac{4}{5} < \frac{3}{4}$ $\frac{4}{5} > \frac{3}{4}$ $\frac{4}{5} = \frac{3}{4}$

kgV(,) =

440. $\frac{5}{6}$ und $\frac{6}{9}$ $=$ — und — $\frac{5}{6} < \frac{6}{9}$ $\frac{5}{6} > \frac{6}{9}$ $\frac{5}{6} = \frac{6}{9}$

kgV(,) =

441. $\frac{2}{10}$ und $\frac{2}{3}$ $=$ — und — $\frac{2}{10} < \frac{2}{3}$ $\frac{2}{10} > \frac{2}{3}$ $\frac{2}{10} = \frac{2}{3}$

kgV(,) =

442. $\frac{7}{9}$ und $\frac{2}{7}$ $=$ — und — $\frac{7}{9} < \frac{2}{7}$ $\frac{7}{9} > \frac{2}{7}$ $\frac{7}{9} = \frac{2}{7}$

kgV(,) =

443. $\frac{6}{8}$ und $\frac{2}{3}$ $=$ — und — $\frac{6}{8} < \frac{2}{3}$ $\frac{6}{8} > \frac{2}{3}$ $\frac{6}{8} = \frac{2}{3}$

kgV(,) =

444. $\frac{4}{5}$ und $\frac{3}{8}$ $=$ — und — $\frac{4}{5} < \frac{3}{8}$ $\frac{4}{5} > \frac{3}{8}$ $\frac{4}{5} = \frac{3}{8}$

kgV(,) =

445. $\frac{2}{2}$ und $\frac{3}{4}$ $=$ — und — $\frac{2}{2} < \frac{3}{4}$ $\frac{2}{2} > \frac{3}{4}$ $\frac{2}{2} = \frac{3}{4}$

kgV (,) =

446. $\frac{5}{10}$ und $\frac{2}{3}$ $=$ — und — $\frac{5}{10} < \frac{2}{3}$ $\frac{5}{10} > \frac{2}{3}$ $\frac{5}{10} = \frac{2}{3}$

kgV (,) =

447. $\frac{3}{8}$ und $\frac{5}{7}$ $=$ — und — $\frac{3}{8} < \frac{5}{7}$ $\frac{3}{8} > \frac{5}{7}$ $\frac{3}{8} = \frac{5}{7}$

kgV (,) =

448. $\frac{5}{9}$ und $\frac{2}{5}$ $=$ — und — $\frac{5}{9} < \frac{2}{5}$ $\frac{5}{9} > \frac{2}{5}$ $\frac{5}{9} = \frac{2}{5}$

kgV (,) =

449. $\frac{8}{10}$ und $\frac{4}{6}$ $=$ — und — $\frac{8}{10} < \frac{4}{6}$ $\frac{8}{10} > \frac{4}{6}$ $\frac{8}{10} = \frac{4}{6}$

kgV (,) =

450. $\frac{2}{5}$ und $\frac{3}{6}$ $=$ — und — $\frac{2}{5} < \frac{3}{6}$ $\frac{2}{5} > \frac{3}{6}$ $\frac{2}{5} = \frac{3}{6}$

kgV (,) =

> Von zwei Brüchen, die einen gleichen Zähler haben, ist derjenige der **größere** , der den **kleineren** Nenner hat.
>
> $\frac{9}{6}$ $\frac{9}{4}$ $6 > 4$ $\Rightarrow$ $\frac{9}{6} < \frac{9}{4}$

Aufgabe 11.2

Vergleiche die Brüche anhand des gleichen Zählers:

a) $\frac{2}{3}$ $\frac{10}{15}$

b) $\frac{3}{5}$ $\frac{7}{10}$

Lösung:

a) $kgV\,(2, 10) = 10$. Darum werden die Brüche so erweitert, dass deren Zähler Zehn ist.

$\frac{2}{3} = \frac{10}{15}$

$\frac{10}{15} = \frac{10}{15}$ $\qquad 15 = 15 \quad \Rightarrow \quad \frac{10}{15} = \frac{10}{15} \quad \Rightarrow \quad \underline{\underline{\frac{2}{3} = \frac{10}{15}}}$

b) $kgV\,(3,7) = 21$. Darum werden die Brüche so erweitert, dass deren Zähler Einundzwanzig ist.

$\frac{3}{5} = \frac{21}{35}$

$\frac{7}{10} = \frac{21}{30}$ $\qquad 35 > 30 \quad \Rightarrow \quad \frac{21}{35} < \frac{21}{30} \quad \Rightarrow \quad \underline{\underline{\frac{3}{5} < \frac{7}{10}}}$

Vergleiche die Brüche anhand des gleichen Zählers

451. $\dfrac{6}{10}$ und $\dfrac{6}{2}$ $\qquad \frac{6}{10} > \frac{6}{2} \qquad \frac{6}{10} < \frac{6}{2}$

452. $\dfrac{5}{6}$ und $\dfrac{5}{4}$ $\qquad \frac{5}{6} > \frac{5}{4} \qquad \frac{5}{6} < \frac{5}{4}$

453. $\dfrac{3}{4}$ und $\dfrac{3}{5}$ $\qquad \frac{3}{4} > \frac{3}{5} \qquad \frac{3}{4} < \frac{3}{5}$

454. $\dfrac{9}{5}$ und $\dfrac{9}{8}$ $\qquad \frac{9}{5} > \frac{9}{8} \qquad \frac{9}{5} < \frac{9}{8}$

455. $\dfrac{6}{10}$ und $\dfrac{6}{4}$ $\qquad \frac{6}{10} > \frac{6}{4} \qquad \frac{6}{10} < \frac{6}{4}$

456. $\dfrac{9}{5}$ und $\dfrac{9}{6}$ $\qquad \frac{9}{5} > \frac{9}{6} \qquad \frac{9}{5} < \frac{9}{6}$

457. $\dfrac{7}{4}$ und $\dfrac{7}{10}$ $\qquad \frac{7}{4} > \frac{7}{10} \qquad \frac{7}{4} < \frac{7}{10}$

458. $\dfrac{4}{7}$ und $\dfrac{4}{10}$ $\qquad \frac{4}{7} > \frac{4}{10} \qquad \frac{4}{7} < \frac{4}{10}$

459. $\dfrac{9}{7}$ und $\dfrac{9}{4}$ $\qquad \frac{9}{7} > \frac{9}{4} \qquad \frac{9}{7} < \frac{9}{4}$

460. $\dfrac{3}{6}$ und $\dfrac{3}{7}$ $\qquad \frac{3}{6} > \frac{3}{7} \qquad \frac{3}{6} < \frac{3}{7}$

461. $\dfrac{2}{10}$ und $\dfrac{2}{6}$ $\qquad \frac{2}{10} > \frac{2}{6} \qquad \frac{2}{10} < \frac{2}{6}$

462. $\dfrac{7}{9}$ und $\dfrac{7}{8}$ $\qquad \frac{7}{9} > \frac{7}{8} \qquad \frac{7}{9} < \frac{7}{8}$

463. $\dfrac{10}{8}$ und $\dfrac{10}{5}$ $\qquad \frac{10}{8} > \frac{10}{5} \qquad \frac{10}{8} < \frac{10}{5}$

464. $\dfrac{7}{4}$ und $\dfrac{7}{9}$ $\qquad \frac{7}{4} > \frac{7}{9} \qquad \frac{7}{4} < \frac{7}{9}$

465. $\dfrac{9}{2}$ und $\dfrac{9}{3}$ $\qquad \frac{9}{2} > \frac{9}{3} \qquad \frac{9}{2} < \frac{9}{3}$

466. $\frac{10}{8}$ und $\frac{10}{5}$ $\frac{10}{8} > \frac{10}{5}$ $\frac{10}{8} < \frac{10}{5}$

467. $\frac{9}{4}$ und $\frac{9}{8}$ $\frac{9}{4} > \frac{9}{8}$ $\frac{9}{4} < \frac{9}{8}$

468. $\frac{10}{7}$ und $\frac{10}{2}$ $\frac{10}{7} > \frac{10}{2}$ $\frac{10}{7} < \frac{10}{2}$

469. $\frac{3}{6}$ und $\frac{3}{7}$ $\frac{3}{6} > \frac{3}{7}$ $\frac{3}{6} < \frac{3}{7}$

470. $\frac{2}{5}$ und $\frac{2}{10}$ $\frac{2}{5} > \frac{2}{10}$ $\frac{2}{5} < \frac{2}{10}$

471. $\frac{10}{9}$ und $\frac{10}{6}$ $\frac{10}{9} > \frac{10}{6}$ $\frac{10}{9} < \frac{10}{6}$

472. $\frac{8}{5}$ und $\frac{8}{6}$ $\frac{8}{5} > \frac{8}{6}$ $\frac{8}{5} < \frac{8}{6}$

Vergleiche die Brüche anhand des gleichen Zählers II

473. $\frac{10}{4}$ und $\frac{2}{2}$ $=$ — und — $\frac{10}{4} > \frac{2}{2}$ $\frac{10}{4} < \frac{2}{2}$ $\frac{10}{4} = \frac{2}{2}$

kgV(,) =

474. $\frac{6}{3}$ und $\frac{5}{2}$ $=$ — und — $\frac{6}{3} > \frac{5}{2}$ $\frac{6}{3} < \frac{5}{2}$ $\frac{6}{3} = \frac{5}{2}$

kgV(,) =

475. $\frac{10}{9}$ und $\frac{4}{3}$ $=$ — und — $\frac{10}{9} > \frac{4}{3}$ $\frac{10}{9} < \frac{4}{3}$ $\frac{10}{9} = \frac{4}{3}$

kgV(,) =

476. $\frac{8}{4}$ und $\frac{2}{2}$ $=$ — und — $\frac{8}{4} > \frac{2}{2}$ $\frac{8}{4} < \frac{2}{2}$ $\frac{8}{4} = \frac{2}{2}$

kgV(,) =

477. $\frac{5}{4}$ und $\frac{3}{2}$ $=$ — und — $\frac{5}{4} > \frac{3}{2}$ $\frac{5}{4} < \frac{3}{2}$ $\frac{5}{4} = \frac{3}{2}$

kgV(,) =

478. $\frac{3}{2}$ und $\frac{2}{2}$ $=$ — und — $\frac{3}{2} > \frac{2}{2}$ $\frac{3}{2} < \frac{2}{2}$ $\frac{3}{2} = \frac{2}{2}$

kgV(,) =

479. $\frac{6}{2}$ und $\frac{6}{2}$ $=$ — und — $\frac{6}{2} > \frac{6}{2}$ $\frac{6}{2} < \frac{6}{2}$ $\frac{6}{2} = \frac{6}{2}$

kgV$(\quad , \quad) =$

480. $\frac{8}{4}$ und $\frac{10}{3}$ $=$ — und — $\frac{8}{4} > \frac{10}{3}$ $\frac{8}{4} < \frac{10}{3}$ $\frac{8}{4} = \frac{10}{3}$

kgV$(\quad , \quad) =$

481. $\frac{9}{8}$ und $\frac{10}{8}$ $=$ — und — $\frac{9}{8} > \frac{10}{8}$ $\frac{9}{8} < \frac{10}{8}$ $\frac{9}{8} = \frac{10}{8}$

kgV$(\quad , \quad) =$

482. $\frac{5}{2}$ und $\frac{7}{3}$ $=$ — und — $\frac{5}{2} > \frac{7}{3}$ $\frac{5}{2} < \frac{7}{3}$ $\frac{5}{2} = \frac{7}{3}$

kgV$(\quad , \quad) =$

483. $\frac{6}{5}$ und $\frac{8}{5}$ $=$ — und — $\frac{6}{5} > \frac{8}{5}$ $\frac{6}{5} < \frac{8}{5}$ $\frac{6}{5} = \frac{8}{5}$

kgV$(\quad , \quad) =$

484. $\frac{3}{2}$ und $\frac{8}{2}$ $=$ — und — $\frac{3}{2} > \frac{8}{2}$ $\frac{3}{2} < \frac{8}{2}$ $\frac{3}{2} = \frac{8}{2}$

kgV$(\quad , \quad) =$

485. $\frac{3}{2}$ und $\frac{5}{3}$ $=$ — und — $\frac{3}{2} > \frac{5}{3}$ $\frac{3}{2} < \frac{5}{3}$ $\frac{3}{2} = \frac{5}{3}$

kgV$(\quad , \quad) =$

486. $\frac{5}{3}$ und $\frac{8}{4}$ $=$ — und — $\frac{5}{3} > \frac{8}{4}$ $\frac{5}{3} < \frac{8}{4}$ $\frac{5}{3} = \frac{8}{4}$

kgV$(\quad , \quad) =$

487. $\frac{5}{3}$ und $\frac{4}{2}$ $=$ — und — $\frac{5}{3} > \frac{4}{2}$ $\frac{5}{3} < \frac{4}{2}$ $\frac{5}{3} = \frac{4}{2}$

kgV$(\quad , \quad) =$

488. $\frac{2}{2}$ und $\frac{3}{2}$ $=$ — und — $\frac{2}{2} > \frac{3}{2}$ $\frac{2}{2} < \frac{3}{2}$ $\frac{2}{2} = \frac{3}{2}$

kgV$(\quad , \quad) =$

489. $\frac{2}{2}$ und $\frac{2}{2}$ $=$ —— und —— $\frac{2}{2} > \frac{2}{2}$ $\frac{2}{2} < \frac{2}{2}$ $\frac{2}{2} = \frac{2}{2}$

kgV$\left(\quad , \quad \right) =$

490. $\frac{10}{2}$ und $\frac{9}{7}$ $=$ —— und —— $\frac{10}{2} > \frac{9}{7}$ $\frac{10}{2} < \frac{9}{7}$ $\frac{10}{2} = \frac{9}{7}$

kgV$\left(\quad , \quad \right) =$

Vergleiche die Brüche durch Umwandlung in Dezimalzahlen, runde auf Hundertstel

491. $\frac{3}{4}$ und $\frac{3}{6}$ und

$\frac{4}{3} < \frac{6}{3}$ $\frac{4}{3} > \frac{6}{3}$ $\frac{4}{3} = \frac{6}{3}$

492. $\frac{6}{9}$ und $\frac{9}{10}$ und

$\frac{9}{6} < \frac{10}{9}$ $\frac{9}{6} > \frac{10}{9}$ $\frac{9}{6} = \frac{10}{9}$

493. $\frac{2}{6}$ und $\frac{2}{3}$ und

$\frac{6}{2} < \frac{3}{2}$ $\frac{6}{2} > \frac{3}{2}$ $\frac{6}{2} = \frac{3}{2}$

494. $\frac{4}{8}$ und $\frac{7}{9}$ und

$\frac{8}{4} < \frac{9}{7}$ $\frac{8}{4} > \frac{9}{7}$ $\frac{8}{4} = \frac{9}{7}$

495. $\frac{5}{7}$ und $\frac{2}{2}$ und

$\frac{7}{5} < \frac{2}{2}$ $\frac{7}{5} > \frac{2}{2}$ $\frac{7}{5} = \frac{2}{2}$

496. $\frac{6}{7}$ und $\frac{4}{5}$ und

$\frac{7}{6} < \frac{5}{4}$ $\frac{7}{6} > \frac{5}{4}$ $\frac{7}{6} = \frac{5}{4}$

497. $\frac{8}{10}$ und $\frac{2}{4}$ und

$\frac{10}{8} < \frac{4}{2}$ $\frac{10}{8} > \frac{4}{2}$ $\frac{10}{8} = \frac{4}{2}$

498. $\frac{2}{3}$ und $\frac{2}{2}$ und

$\frac{3}{2} < \frac{2}{2}$ $\frac{3}{2} > \frac{2}{2}$ $\frac{3}{2} = \frac{2}{2}$

499. $\frac{2}{4}$ und $\frac{6}{7}$ und

$\frac{4}{2} < \frac{7}{6}$ $\frac{4}{2} > \frac{7}{6}$ $\frac{4}{2} = \frac{7}{6}$

500. $\frac{2}{4}$ und $\frac{2}{2}$ und

$\frac{4}{2} < \frac{2}{2}$ $\frac{4}{2} > \frac{2}{2}$ $\frac{4}{2} = \frac{2}{2}$

501. $\frac{3}{10}$ und $\frac{2}{3}$ und

$\frac{10}{3} < \frac{3}{2}$ $\quad$ $\frac{10}{3} > \frac{3}{2}$ $\quad$ $\frac{10}{3} = \frac{3}{2}$

502. $\frac{4}{6}$ und $\frac{2}{3}$ und

$\frac{6}{4} < \frac{3}{2}$ $\quad$ $\frac{6}{4} > \frac{3}{2}$ $\quad$ $\frac{6}{4} = \frac{3}{2}$

503. $\frac{4}{5}$ und $\frac{2}{3}$ und

$\frac{5}{4} < \frac{3}{2}$ $\quad$ $\frac{5}{4} > \frac{3}{2}$ $\quad$ $\frac{5}{4} = \frac{3}{2}$

504. $\frac{2}{9}$ und $\frac{2}{2}$ und

$\frac{9}{2} < \frac{2}{2}$ $\quad$ $\frac{9}{2} > \frac{2}{2}$ $\quad$ $\frac{9}{2} = \frac{2}{2}$

505. $\frac{3}{4}$ und $\frac{4}{5}$ und

$\frac{4}{3} < \frac{5}{4}$ $\quad$ $\frac{4}{3} > \frac{5}{4}$ $\quad$ $\frac{4}{3} = \frac{5}{4}$

506. $\frac{6}{7}$ und $\frac{5}{7}$ und

$\frac{7}{6} < \frac{7}{5}$ $\quad$ $\frac{7}{6} > \frac{7}{5}$ $\quad$ $\frac{7}{6} = \frac{7}{5}$

12. Rechnen über Kreuz

Rechnen über Kreuz:

Wenn $\frac{a}{b} = \frac{c}{d}$, dann gilt $b \cdot c = d \cdot a$. Dieser Satz gilt auch umgekehrt:

Wenn $b \cdot c = d \cdot a$, dann gilt $\frac{a}{b} = \frac{c}{d}$.

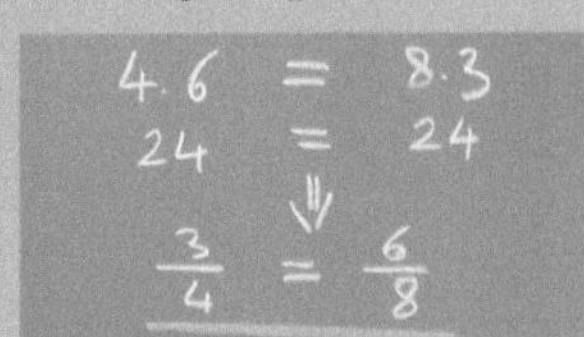

Aufgabe 12.1

Finde über Kreuz heraus, ob die Brüche gleich sind:

a) $\frac{2}{3}$ $\quad$ $\frac{10}{15}$ $\qquad$ b) $\frac{3}{5}$ $\quad$ $\frac{7}{10}$ $\qquad$ c) $\frac{4}{5}$ $\quad$ $\frac{3}{7}$

Lösung:

a) $b \cdot c = 3 \cdot 10 = 30 \quad d \cdot a = 15 \cdot 2 = 30 \quad 30 = 30 => \underline{\underline{\frac{2}{3} = \frac{10}{15}}}$

b) $b \cdot c = 5 \cdot 7 = 35 \quad d \cdot a = 10 \cdot 3 = 30 \quad 35 \neq 30 => \underline{\underline{\frac{3}{5} \neq \frac{7}{10}}}$

c) $b \cdot c = 5 \cdot 3 = 15 \quad d \cdot a = 7 \cdot 4 = 28 \quad 15 \neq 28 => \underline{\underline{\frac{4}{5} \neq \frac{3}{7}}}$

Vergleiche die Brüche über Kreuz

507. $\frac{2}{5}$ und $\frac{2}{5}$ · und · und $\frac{2}{5} \neq \frac{2}{5}$ $\frac{2}{5} = \frac{2}{5}$

508. $\frac{2}{6}$ und $\frac{4}{12}$ · und · und $\frac{2}{6} \neq \frac{4}{12}$ $\frac{2}{6} = \frac{4}{12}$

509. $\frac{8}{10}$ und $\frac{4}{9}$ · und · und $\frac{8}{10} \neq \frac{4}{9}$ $\frac{8}{10} = \frac{4}{9}$

510. $\frac{2}{3}$ und $\frac{7}{10}$ · und · und $\frac{2}{3} \neq \frac{7}{10}$ $\frac{2}{3} = \frac{7}{10}$

511. $\frac{2}{2}$ und $\frac{2}{6}$ · und · und $\frac{2}{2} \neq \frac{2}{6}$ $\frac{2}{2} = \frac{2}{6}$

512. $\frac{3}{10}$ und $\frac{4}{8}$ · und · und $\frac{3}{10} \neq \frac{4}{8}$ $\frac{3}{10} = \frac{4}{8}$

513. $\frac{4}{5}$ und $\frac{9}{10}$ · und · und $\frac{4}{5} \neq \frac{9}{10}$ $\frac{4}{5} = \frac{9}{10}$

514. $\frac{2}{9}$ und $\frac{4}{18}$ · und · und $\frac{2}{9} \neq \frac{4}{18}$ $\frac{2}{9} = \frac{4}{18}$

515. $\frac{3}{5}$ und $\frac{2}{3}$ · und · und $\frac{3}{5} \neq \frac{2}{3}$ $\frac{3}{5} = \frac{2}{3}$

516. $\frac{5}{10}$ und $\frac{5}{9}$ · und · und $\frac{5}{10} \neq \frac{5}{9}$ $\frac{5}{10} = \frac{5}{9}$

517. $\frac{2}{2}$ und $\frac{3}{4}$ · und · und

$\frac{2}{2} \neq \frac{3}{4}$ $\frac{2}{2} = \frac{3}{4}$

518. $\frac{3}{8}$ und $\frac{5}{6}$ · und · und

$\frac{3}{8} \neq \frac{5}{6}$ $\frac{3}{8} = \frac{5}{6}$

519. $\frac{5}{5}$ und $\frac{2}{2}$ · und · und

$\frac{5}{5} \neq \frac{2}{2}$ $\frac{5}{5} = \frac{2}{2}$

520. $\frac{4}{10}$ und $\frac{2}{5}$ · und · und

$\frac{4}{10} \neq \frac{2}{5}$ $\frac{4}{10} = \frac{2}{5}$

521. $\frac{2}{3}$ und $\frac{3}{5}$ · und · und

$\frac{2}{3} \neq \frac{3}{5}$ $\frac{2}{3} = \frac{3}{5}$

522. $\frac{2}{3}$ und $\frac{4}{5}$ · und · und

$\frac{2}{3} \neq \frac{4}{5}$ $\frac{2}{3} = \frac{4}{5}$

Rechnen über Kreuz:

$\frac{a}{b} = \frac{c}{d}$ => $a = \frac{b \cdot c}{d}$ $b = \frac{d \cdot a}{c}$ $c = \frac{d \cdot a}{b}$ $d = \frac{b \cdot c}{a}$

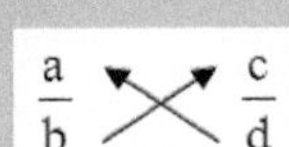

Aufgabe 12.2

Berechne x über Kreuz:

Lösung:

a) $\frac{x}{3}$ $\frac{10}{15}$

b) $\frac{3}{x}$ $\frac{6}{10}$

c) $\frac{4}{5}$ $\frac{x}{10}$

d) $\frac{3}{5}$ $\frac{3}{x}$

a) $x = a = \frac{b \cdot c}{d} = \frac{3 \cdot 10}{15} = \underline{\underline{2}}$

b) $x = b = \frac{d \cdot a}{c} = \frac{10 \cdot 3}{6} = \underline{\underline{5}}$

c) $x = c = \frac{d \cdot a}{b} = \frac{10 \cdot 4}{5} = \underline{\underline{8}}$

d) $x = d = \frac{b \cdot c}{a} = \frac{5 \cdot 3}{3} = \underline{\underline{5}}$

Berechne x über Kreuz

523. $\frac{3}{4} = \frac{12}{x} \quad x = \frac{\cdot}{\qquad} =$

524. $\frac{4}{7} = \frac{20}{x} \quad x = \frac{\cdot}{\qquad} =$

525. $\frac{8}{10} = \frac{x}{20} \quad x = \frac{\cdot}{\qquad} =$

526. $\frac{3}{8} = \frac{9}{x} \quad x = \frac{\cdot}{\qquad} =$

527. $\frac{12}{x} = \frac{4}{9} \quad x = \frac{\cdot}{\qquad} =$

528. $\frac{8}{x} = \frac{2}{2} \quad x = \frac{\cdot}{\qquad} =$

529. $\frac{7}{10} = \frac{x}{50} \quad x = \frac{\cdot}{\qquad} =$

530. $\frac{4}{10} = \frac{20}{x} \quad x = \frac{\cdot}{\qquad} =$

531. $\frac{10}{x} = \frac{2}{3} \quad x = \frac{\cdot}{\qquad} =$

532. $\frac{8}{x} = \frac{2}{5} \quad x = \frac{\cdot}{\qquad} =$

533. $\frac{3}{6} = \frac{9}{x} \quad x = \frac{\cdot}{\qquad} =$

534. $\frac{15}{x} = \frac{3}{4} \quad x = \frac{\cdot}{\qquad} =$

535. $\frac{12}{x} = \frac{4}{10} \quad x = \frac{\cdot}{\qquad} =$

536. $\frac{x}{18} = \frac{5}{6} \quad x = \frac{\cdot}{\qquad} =$

537. $\frac{2}{5} = \frac{x}{20} \quad x = \frac{\cdot}{\qquad} =$

538. $\frac{12}{x} = \frac{3}{5} \quad x = \frac{\cdot}{\qquad} =$

13. Summe und Differenz gemischter Zahlen (Variante I)

> Gemischte Zahlen werden in unechte Brüche umgewandelt und miteinander verbunden .

Aufgabe 13.1

Addiere oder subtrahiere die gemischten Zahlen mit unterschiedlichen Nennern:

a) $14\frac{1}{3} + 12\frac{3}{4}$

b) $1\frac{3}{4} + 1\frac{11}{14}$

c) $6\frac{1}{2} - 2\frac{3}{4}$

d) $8\frac{2}{10} - 4\frac{5}{6}$

Lösung:

a) $14\frac{1}{3} + 12\frac{3}{4} = \frac{43}{3} + \frac{51}{4} = \frac{4\cdot 43+3\cdot 51}{12} = \frac{172+153}{12} = \frac{325}{12} = \underline{\underline{27\frac{1}{12}}}$

b) $1\frac{3}{4} + 1\frac{11}{14} = \frac{7}{4} + \frac{25}{14} = \frac{7\cdot 7+25\cdot 2}{28} = \frac{49+50}{28} = \frac{99}{28} = \underline{\underline{3\frac{15}{28}}}$

c) $6\frac{1}{2} - 2\frac{3}{4} = \frac{13}{2} - \frac{11}{4} = \frac{13\cdot 2-11\cdot 1}{4} = \frac{26-11}{4} = \frac{15}{4} = \underline{\underline{3\frac{3}{4}}}$

d) $8\frac{2}{10} - 4\frac{5}{6} = \frac{82}{10} - \frac{29}{6} = \frac{82\cdot 3-29\cdot 5}{30} = \frac{246-145}{30} = \frac{101}{30} = \underline{\underline{3\frac{11}{30}}}$

Addiere oder subtrahiere die gemischten Zahlen

539. $4\frac{1}{5} + 4\frac{1}{5} =$

$= \frac{\quad\cdot\quad+\quad}{\qquad} + \frac{\quad\cdot\quad+\quad}{\qquad} = \frac{\quad+\quad}{\qquad} = \frac{\quad}{\quad} = \qquad \frac{\quad}{\quad}$

kgV$\left(\quad , \quad \right) =$ ggT$\left(\quad , \quad \right) =$

540. $\frac{2}{3} + 1\frac{5}{6} =$

$= \frac{\quad}{\quad} + \frac{\quad\cdot\quad+\quad}{\qquad} = \frac{\quad+\quad}{\qquad} = \frac{\quad}{\quad} = \qquad \frac{\quad}{\quad}$

kgV$\left(\quad , \quad \right) =$ ggT$\left(\quad , \quad \right) =$

541. $4\frac{1}{4} - 1\frac{2}{8} =$

$= \frac{\quad\cdot\quad+\quad}{\qquad} - \frac{\quad\cdot\quad+\quad}{\qquad} = \frac{\quad-\quad}{\qquad} = \frac{\quad}{\quad} =$

kgV$\left(\quad , \quad \right) =$ ggT$\left(\quad , \quad \right) =$

542. $2\frac{1}{5} - 1\frac{1}{10} =$

$= \frac{\quad\cdot\quad+\quad}{\qquad} - \frac{\quad\cdot\quad+\quad}{\qquad} = \frac{\quad-\quad}{\qquad} = \frac{\quad}{\quad} = \qquad \frac{\quad}{\quad}$

kgV$\left(\quad , \quad \right) =$ ggT$\left(\quad , \quad \right) =$

543. $3\frac{4}{5} + 1\frac{8}{9} =$

$= \frac{\quad\cdot\quad+\quad}{\qquad} + \frac{\quad\cdot\quad+\quad}{\qquad} = \frac{\quad+\quad}{\qquad} = \frac{\quad}{\quad} = \qquad \frac{\quad}{\quad}$

kgV$\left(\quad , \quad \right) =$ ggT$\left(\quad , \quad \right) =$

544. $4\frac{1}{2} + 6\frac{2}{3} =$

$$= \frac{\;\cdot\;\;+\;}{\qquad} + \frac{\;\cdot\;\;+\;}{\qquad} = \frac{\;+\;}{\qquad} = \frac{\quad}{\quad} = \quad \frac{\quad}{\quad}$$

kgV $\left(\quad , \quad \right) =$ ggT $\left(\quad , \quad \right) =$

545. $4\frac{2}{3} - 1\frac{3}{7} =$

$$= \frac{\;\cdot\;\;+\;}{\qquad} - \frac{\;\cdot\;\;+\;}{\qquad} = \frac{\;-\;}{\qquad} = \frac{\quad}{\quad} = \quad \frac{\quad}{\quad}$$

kgV $\left(\quad , \quad \right) =$ ggT $\left(\quad , \quad \right) =$

546. $2\frac{2}{3} + 1\frac{9}{10} =$

$$= \frac{\;\cdot\;\;+\;}{\qquad} + \frac{\;\cdot\;\;+\;}{\qquad} = \frac{\;+\;}{\qquad} = \frac{\quad}{\quad} = \quad \frac{\quad}{\quad}$$

kgV $\left(\quad , \quad \right) =$ ggT $\left(\quad , \quad \right) =$

547. $1\frac{2}{9} - 1\frac{5}{10} =$

$$= \frac{\;\cdot\;\;+\;}{\qquad} - \frac{\;\cdot\;\;+\;}{\qquad} = \frac{\;-\;}{\qquad} = \frac{\quad}{\quad} = \frac{\quad}{\quad}$$

kgV $\left(\quad , \quad \right) =$ ggT $\left(\quad , \quad \right) =$

548. $1\frac{5}{9} - 1\frac{3}{10} =$

$$= \frac{\;\cdot\;\;+\;}{\qquad} - \frac{\;\cdot\;\;+\;}{\qquad} = \frac{\;-\;}{\qquad} = \frac{\quad}{\quad}$$

kgV $\left(\quad , \quad \right) =$ ggT $\left(\quad , \quad \right) =$

549. $\frac{1}{6} - 3\frac{2}{6} =$

$$= \frac{\quad}{\quad} - \frac{\;\cdot\;\;+\;}{\qquad} = \frac{\;-\;}{\qquad} = \frac{\quad}{\quad} = \quad \frac{\quad}{\quad}$$

kgV $\left(\quad , \quad \right) =$ ggT $\left(\quad , \quad \right) =$

550. $1\frac{6}{9} + 4\frac{1}{4} =$

$$= \frac{\;\cdot\;\;+\;}{\qquad} + \frac{\;\cdot\;\;+\;}{\qquad} = \frac{\;+\;}{\qquad} = \frac{\quad}{\quad} = \quad \frac{\quad}{\quad}$$

kgV $\left(\quad , \quad \right) =$ ggT $\left(\quad , \quad \right) =$

551. $\frac{1}{7} - 2\frac{3}{8} =$

$= \frac{}{} - \frac{\cdot \quad + \quad}{} = \frac{\quad - \quad}{} = \frac{}{} = \quad \frac{}{}$

kgV(,) = ggT(,) =

552. $4\frac{2}{4} - 3\frac{1}{4} =$

$= \frac{\cdot \quad + \quad}{} - \frac{\cdot \quad + \quad}{} = \frac{\quad - \quad}{} = \frac{}{} = \quad \frac{}{}$

kgV(,) = ggT(,) =

553. $\frac{4}{9} - 2\frac{5}{7} =$

$= \frac{}{} - \frac{\cdot \quad + \quad}{} = \frac{\quad - \quad}{} = \frac{}{} = \quad \frac{}{}$

kgV(,) = ggT(,) =

554. $1\frac{3}{4} - 3\frac{3}{6} =$

$= \frac{\cdot \quad + \quad}{} - \frac{\cdot \quad + \quad}{} = \frac{\quad - \quad}{} = \frac{}{} = \quad \frac{}{}$

kgV(,) = ggT(,) =

555. $2\frac{3}{6} + 2\frac{5}{7} =$

$= \frac{\cdot \quad + \quad}{} + \frac{\cdot \quad + \quad}{} = \frac{\quad + \quad}{} = \frac{}{} = \quad \frac{}{}$

kgV(,) = ggT(,) =

Addiere oder subtrahiere die gemischten Zahlen II

556. $\frac{1}{6} - 2\frac{4}{8} - 1\frac{9}{10} =$

$= \frac{\quad}{\quad} - \frac{\quad \cdot \quad + \quad}{\quad} - \frac{\quad \cdot \quad + \quad}{\quad} =$

$= \frac{\quad - \quad - \quad}{\quad} = \frac{\quad}{\quad} = \quad \frac{\quad}{\quad}$

kgV$\left(\quad , \quad , \quad \right) =$ ggT$\left(\quad , \quad \right) =$

557. $3\frac{2}{4} - 2\frac{2}{4} - 2\frac{1}{2} =$

$= \frac{\quad \cdot \quad + \quad}{\quad} - \frac{\quad \cdot \quad + \quad}{\quad} - \frac{\quad \cdot \quad + \quad}{\quad} =$

$= \frac{\quad - \quad - \quad}{\quad} = \frac{\quad}{\quad} = \quad \frac{\quad}{\quad}$

kgV$\left(\quad , \quad , \quad \right) =$ ggT$\left(\quad , \quad \right) =$

558. $5\frac{2}{4} + 3\frac{3}{4} + 1\frac{1}{3} =$

$= \frac{\quad \cdot \quad + \quad}{\quad} + \frac{\quad \cdot \quad + \quad}{\quad} + \frac{\quad \cdot \quad + \quad}{\quad} =$

$= \frac{\quad + \quad + \quad}{\quad} = \frac{\quad}{\quad} = \quad \frac{\quad}{\quad}$

kgV$\left(\quad , \quad , \quad \right) =$ ggT$\left(\quad , \quad \right) =$

559. $7\frac{1}{2} - 1\frac{8}{9} + 1\frac{2}{4} =$

$= \frac{\quad \cdot \quad + \quad}{\quad} - \frac{\quad \cdot \quad + \quad}{\quad} + \frac{\quad \cdot \quad + \quad}{\quad} =$

$= \frac{\quad - \quad + \quad}{\quad} = \frac{\quad}{\quad} = \quad \frac{\quad}{\quad}$

kgV$\left(\quad , \quad , \quad \right) =$ ggT$\left(\quad , \quad \right) =$

560. $1\frac{3}{4} + 2\frac{2}{5} + 3\frac{1}{5} =$

$= \frac{\quad \cdot \quad + \quad}{\qquad} + \frac{\quad \cdot \quad + \quad}{\qquad} + \frac{\quad \cdot \quad + \quad}{\qquad} =$

$= \frac{\quad + \quad + \quad}{\qquad} = \frac{\quad}{\quad} = \quad \frac{\quad}{\quad}$

$\text{kgV}\left(\quad , \quad , \quad \right) = \qquad\qquad \text{ggT}\left(\quad , \quad \right) =$

561. $\frac{2}{3} + 1\frac{7}{8} + 2\frac{1}{9} =$

$= \frac{\quad}{\quad} + \frac{\quad \cdot \quad + \quad}{\qquad} + \frac{\quad \cdot \quad + \quad}{\qquad} =$

$= \frac{\quad + \quad + \quad}{\qquad} = \frac{\quad}{\quad} = \quad \frac{\quad}{\quad}$

$\text{kgV}\left(\quad , \quad , \quad \right) = \qquad\qquad \text{ggT}\left(\quad , \quad \right) =$

562. $1\frac{3}{5} - 4\frac{1}{5} + 1\frac{3}{8} =$

$= \frac{\quad \cdot \quad + \quad}{\qquad} - \frac{\quad \cdot \quad + \quad}{\qquad} + \frac{\quad \cdot \quad + \quad}{\qquad} =$

$= \frac{\quad - \quad + \quad}{\qquad} = \frac{\quad}{\quad} = \quad \frac{\quad}{\quad}$

$\text{kgV}\left(\quad , \quad , \quad \right) = \qquad\qquad \text{ggT}\left(\quad , \quad \right) =$

563. $5\frac{2}{3} + 1\frac{2}{4} + 1\frac{7}{8} =$

$= \frac{\quad \cdot \quad + \quad}{\qquad} + \frac{\quad \cdot \quad + \quad}{\qquad} + \frac{\quad \cdot \quad + \quad}{\qquad} =$

$= \frac{\quad + \quad + \quad}{\qquad} = \frac{\quad}{\quad} = \quad \frac{\quad}{\quad}$

$\text{kgV}\left(\quad , \quad , \quad \right) = \qquad\qquad \text{ggT}\left(\quad , \quad \right) =$

564. $1\frac{3}{9}+1\frac{2}{5}+5\frac{1}{2}=$

$=\frac{\quad\cdot\quad+\quad}{\qquad}+\frac{\quad\cdot\quad+\quad}{\qquad}+\frac{\quad\cdot\quad+\quad}{\qquad}=$

$=\frac{\quad+\quad+\quad}{\qquad}=\frac{\quad}{\quad}=\quad\frac{\quad}{\quad}$

kgV$(\quad,\quad,\quad)=$ ggT$(\quad,\quad)=$

565. $\frac{3}{6}-2\frac{2}{8}+1\frac{4}{5}=$

$=\frac{\quad}{\quad}-\frac{\quad\cdot\quad+\quad}{\qquad}+\frac{\quad\cdot\quad+\quad}{\qquad}=$

$=\frac{\quad-\quad+\quad}{\qquad}=\frac{\quad}{\quad}=\frac{\quad}{\quad}$

kgV$(\quad,\quad,\quad)=$ ggT$(\quad,\quad)=$

566. $5\frac{2}{4}-3\frac{1}{4}+1\frac{6}{8}=$

$=\frac{\quad\cdot\quad+\quad}{\qquad}-\frac{\quad\cdot\quad+\quad}{\qquad}+\frac{\quad\cdot\quad+\quad}{\qquad}=$

$=\frac{\quad-\quad+\quad}{\qquad}=\frac{\quad}{\quad}=$

kgV$(\quad,\quad,\quad)=$ ggT$(\quad,\quad)=$

567. $3\frac{4}{5}-1\frac{5}{8}-3\frac{3}{6}=$

$=\frac{\quad\cdot\quad+\quad}{\qquad}-\frac{\quad\cdot\quad+\quad}{\qquad}-\frac{\quad\cdot\quad+\quad}{\qquad}=$

$=\frac{\quad-\quad-\quad}{\qquad}=\frac{\quad}{\quad}=\quad\frac{\quad}{\quad}$

kgV$(\quad,\quad,\quad)=$ ggT$(\quad,\quad)=$

568. $1\frac{4}{5} + 1\frac{4}{7} + 1\frac{4}{10} =$

$= \frac{\quad\cdot\quad+\quad}{\qquad\qquad} + \frac{\quad\cdot\quad+\quad}{\qquad\qquad} + \frac{\quad\cdot\quad+\quad}{\qquad\qquad} =$

$= \frac{\quad+\quad+\quad}{\qquad\qquad} = \frac{\quad}{\quad} = \qquad \frac{\quad}{\quad}$

kgV$\left(\quad,\quad,\quad\right) =$ ggT$\left(\quad,\quad\right) =$

569. $\frac{6}{7} + 1\frac{4}{7} + 1\frac{1}{4} =$

$= \frac{\quad}{\quad} + \frac{\quad\cdot\quad+\quad}{\qquad\qquad} + \frac{\quad\cdot\quad+\quad}{\qquad\qquad} =$

$= \frac{\quad+\quad+\quad}{\qquad\qquad} = \frac{\quad}{\quad} = \qquad \frac{\quad}{\quad}$

kgV$\left(\quad,\quad,\quad\right) =$ ggT$\left(\quad,\quad\right) =$

570. $2\frac{1}{3} + 1\frac{1}{5} - 3\frac{2}{5} =$

$= \frac{\quad\cdot\quad+\quad}{\qquad\qquad} + \frac{\quad\cdot\quad+\quad}{\qquad\qquad} - \frac{\quad\cdot\quad+\quad}{\qquad\qquad} =$

$= \frac{\quad+\quad-\quad}{\qquad\qquad} = \frac{\quad}{\quad}$

kgV$\left(\quad,\quad,\quad\right) =$ ggT$\left(\quad,\quad\right) =$

571. $1\frac{1}{10} - 5\frac{1}{2} + 3\frac{2}{5} =$

$= \frac{\quad\cdot\quad+\quad}{\qquad\qquad} - \frac{\quad\cdot\quad+\quad}{\qquad\qquad} + \frac{\quad\cdot\quad+\quad}{\qquad\qquad} =$

$= \frac{\quad-\quad+\quad}{\qquad\qquad} = \frac{\quad}{\quad} =$

kgV$\left(\quad,\quad,\quad\right) =$ ggT$\left(\quad,\quad\right) =$

572. $1\frac{3}{7} - 1\frac{4}{10} + 1\frac{4}{7} =$

$= \frac{\cdot \quad +}{\qquad} - \frac{\cdot \quad +}{\qquad} + \frac{\cdot \quad +}{\qquad} =$

$= \frac{- \quad +}{\qquad} = \frac{}{\quad} = \quad \frac{}{\quad}$

kgV $\left(\quad , \quad , \quad \right) =$ ggT $\left(\quad , \quad \right) =$

573. $1\frac{5}{8} + 1\frac{4}{7} + 3\frac{2}{5} =$

$= \frac{\cdot \quad +}{\qquad} + \frac{\cdot \quad +}{\qquad} + \frac{\cdot \quad +}{\qquad} =$

$= \frac{+ \quad +}{\qquad} = \frac{}{\quad} = \quad \frac{}{\quad}$

kgV $\left(\quad , \quad , \quad \right) =$ ggT $\left(\quad , \quad \right) =$

Wandle in Dezimalzahlen mit Rundung auf Hundertstel um und rechne aus

574. $0.25 - \frac{3}{4} + 0.5 - \frac{1}{2} \quad = \quad - \quad + \quad - \quad =$

575. $\frac{2}{4} - 0.5 + \frac{1}{9} - 0.6 \quad = \quad - \quad + \quad - \quad =$

576. $0.5 + \frac{1}{3} + 0.38 + \frac{1}{6} \quad = \quad + \quad + \quad + \quad =$

577. $\frac{1}{2} + 0.83 - \frac{2}{3} - 0.33 \quad = \quad + \quad - \quad - \quad =$

578. $-0.6 + \frac{3}{7} - 0.5 - \frac{1}{7} \quad = - \quad + \quad - \quad - \quad =$

579. $-0.67 + \frac{2}{3} + 0.17 + \frac{1}{3} \quad = - \quad + \quad + \quad + \quad =$

580. $0.13 - \frac{1}{3} - 0.67 + \frac{4}{5} \quad = \quad - \quad - \quad + \quad =$

581. $0.75 + \frac{2}{5} + 0.29 - \frac{3}{5} \quad = \qquad + \qquad + \qquad - \qquad =$

582. $-0.8 - \frac{1}{2} - 0.5 - \frac{1}{2} \quad = - \qquad - \qquad - \qquad - \qquad =$

583. $0.67 - \frac{2}{6} - 0.17 + \frac{2}{3} \quad = \qquad - \qquad - \qquad + \qquad =$

584. $-0.67 - \frac{2}{3} + \frac{5}{6} + 0.17 \quad = - \qquad - \qquad + \qquad + \qquad =$

585. $\frac{3}{7} - 0.25 + \frac{2}{7} - 0.25 \quad = \qquad - \qquad + \qquad - \qquad =$

586. $-0.13 - \frac{5}{10} - 0.57 + \frac{4}{5} = - \qquad - \qquad - \qquad + \qquad =$

587. $0.63 + \frac{1}{10} + \frac{1}{5} - 0.5 \quad = \qquad + \qquad + \qquad - \qquad =$

588. $-\frac{6}{7} + 0.71 + \frac{1}{6} - 0.38 \quad = - \qquad + \qquad + \qquad - \qquad =$

589. $-\frac{1}{10} + 0.5 - \frac{6}{8} + 0.75 \quad = - \qquad + \qquad - \qquad + \qquad =$

14. Summe und Differenz gemischter Zahlen (Variante II)

Rechenvorgang:

1. Zuerst werden die ganzen Zahlen gesondert zusammen berechnet.
2. Danach werden die Brüche gesondert zusammen berechnet.
3. Zuletzt werden die ganzen Zahlen und die Brüche zusammen berechnet.

Aufgabe 14.1

Addiere oder subtrahiere die gemischten Zahlen mit unterschiedlichen Nennern:

a) $14\frac{1}{3} + 12\frac{3}{4}$

b) $1\frac{3}{4} + 1\frac{11}{14}$

c) $6\frac{1}{2} - 2\frac{3}{4}$

d) $8\frac{2}{10} - 4\frac{5}{6}$

Lösung:

a) $14\frac{1}{3} + 12\frac{3}{4} = 26\frac{4+9}{12} = 26\frac{13}{12} = \underline{\underline{27\frac{1}{12}}}$

b) $1\frac{3}{4} + 1\frac{11}{14} = 2\frac{21+22}{28} = 2\frac{43}{28} = \underline{\underline{3\frac{15}{28}}}$

c) $6\frac{1}{2} - 2\frac{3}{4} = 4\frac{2-3}{4} = 4\frac{-1}{4} = \underline{\underline{3\frac{3}{4}}}$

d) $8\frac{2}{10} - 4\frac{5}{6} = 4\frac{6-25}{30} = 4\frac{-19}{30} = \underline{\underline{3\frac{11}{30}}}$

Addiere oder subtrahiere die gemischten Zahlen

590. $1\frac{2}{5} + 1\frac{3}{9} = \frac{\quad + \quad}{\qquad} = \frac{\quad}{\quad} = \frac{\quad}{\quad}$

kgV(,) =

591. $5\frac{1}{3} - 3\frac{1}{5} = \frac{\quad - \quad}{\qquad} = \frac{\quad}{\quad}$

kgV(,) =

592. $3\frac{2}{5} - 2\frac{1}{6} = \frac{\quad - \quad}{\qquad} = \frac{\quad}{\quad}$

kgV(,) =

593. $1\frac{2}{4} + 1\frac{2}{5} = \frac{\quad + \quad}{\qquad} = \frac{\quad}{\quad} = \frac{\quad}{\quad}$

kgV(,) =

594. $1\frac{6}{7} + 1\frac{3}{5} = \frac{\quad + \quad}{\qquad} = \frac{\quad}{\quad} = \frac{\quad}{\quad}$

kgV(,) =

595. $1\frac{1}{9} + \frac{4}{9} = \quad \frac{\quad + \quad}{\qquad} = \quad \frac{\quad}{\quad}$

$\text{kgV}\left(\quad , \quad \right) =$

596. $4\frac{1}{5} - 1\frac{9}{10} = \quad \frac{\quad - \quad}{\qquad} = \quad \frac{\quad}{\quad} = \quad \frac{\quad}{\quad}$

$\text{kgV}\left(\quad , \quad \right) =$

597. $1\frac{9}{10} - \frac{9}{10} = \quad \frac{\quad - \quad}{\qquad} = \quad \frac{\quad}{\quad}$

$\text{kgV}\left(\quad , \quad \right) =$

598. $3\frac{2}{3} + 2\frac{5}{7} = \quad \frac{\quad + \quad}{\qquad} = \quad \frac{\quad}{\quad} = \quad \frac{\quad}{\quad}$

$\text{kgV}\left(\quad , \quad \right) =$

599. $3\frac{1}{5} - 1\frac{7}{10} = \quad \frac{\quad - \quad}{\qquad} = \quad \frac{\quad}{\quad} = \quad \frac{\quad}{\quad}$

$\text{kgV}\left(\quad , \quad \right) =$

600. $1\frac{5}{9} + \frac{5}{8} = \quad \frac{\quad + \quad}{\qquad} = \quad \frac{\quad}{\quad} = \quad \frac{\quad}{\quad}$

$\text{kgV}\left(\quad , \quad \right) =$

601. $1\frac{4}{5} + \frac{3}{6} = \quad \frac{\quad + \quad}{\qquad} = \quad \frac{\quad}{\quad} = \quad \frac{\quad}{\quad}$

$\text{kgV}\left(\quad , \quad \right) =$

602. $2\frac{4}{6} + 1\frac{4}{10} = \quad \frac{\quad + \quad}{\qquad} = \quad \frac{\quad}{\quad} = \quad \frac{\quad}{\quad}$

$\text{kgV}\left(\quad , \quad \right) =$

603. $2\frac{4}{7} + 1\frac{7}{8} = \quad \frac{\quad + \quad}{\qquad} = \quad \frac{\quad}{\quad} = \quad \frac{\quad}{\quad}$

$\text{kgV}\left(\quad , \quad \right) =$

604. $5\frac{2}{3} - 4\frac{2}{4} = \frac{\quad - \quad}{\qquad} = \frac{\quad}{\quad} = \frac{\quad}{\quad}$

kgV $(\quad , \quad) =$

605. $3\frac{2}{3} - 4\frac{2}{4} = \frac{\quad - \quad}{\qquad} = \frac{\quad}{\quad} = \frac{\quad}{\quad}$

kgV $(\quad , \quad) =$

606. $3\frac{3}{6} - \frac{9}{10} = \frac{\quad - \quad}{\qquad} = \frac{\quad}{\quad} = \frac{\quad}{\quad}$

kgV $(\quad , \quad) =$

607. $6\frac{1}{3} - 1\frac{6}{10} = \frac{\quad - \quad}{\qquad} = \frac{\quad}{\quad} = \frac{\quad}{\quad}$

kgV $(\quad , \quad) =$

15. Multiplikation von Brüchen

Multiplikation von Brüchen mit einer ganzen Zahl

Ein Bruch wird mit einer ganzen Zahl multipliziert, indem der Zähler multipliziert wird und der Nenner gleich bleibt.

$$3 \cdot \frac{2}{5} = \frac{6}{5} \qquad 4 \cdot \frac{3}{8} = \frac{12}{8} \qquad 7 \cdot \frac{2}{3} = \frac{14}{3}$$

Beim Multiplizieren von Brüchen mit einer ganzen Zahl kann die ganze Zahl mit dem Nenner gekürzt werden.

$$\cancel{4}^{1} \cdot \frac{5}{\cancel{8}^{2}} = \frac{5}{2} \qquad \cancel{2}^{1} \cdot \frac{1}{\cancel{6}^{3}} = \frac{1}{3} \qquad \cancel{5}^{1} \cdot \frac{3}{\cancel{5}^{1}} = 3$$

Multiplizieren von Brüchen mit Brüchen

Brüche werden multipliziert, indem das Produkt des Zählers mit dem Produkt des Nenners geteilt wird.

$$\frac{2}{3} \cdot \frac{4}{5} = \frac{8}{15} \qquad \frac{3}{4} \cdot \frac{1}{2} = \frac{3}{8} \qquad \frac{4}{5} \cdot \frac{1}{2} = \frac{4}{10}$$

Multipliziere die Brüche

608. $\frac{5}{8} \cdot \frac{1}{4} = \frac{\quad}{\quad}$

609. $\frac{4}{11} \cdot \frac{4}{21} = \frac{\quad}{\quad}$

610. $\frac{7}{2} \cdot \frac{1}{8} = \frac{\quad}{\quad}$

611. $\frac{3}{2} \cdot \frac{1}{10} = \frac{\quad}{\quad}$

612. $\frac{2}{11} \cdot \frac{2}{7} = \frac{\quad}{\quad}$

613. $\frac{2}{3} \cdot \frac{4}{15} = \frac{\quad}{\quad}$

614. $\frac{2}{5} \cdot \frac{2}{5} = \frac{\quad}{\quad}$

615. $\frac{8}{5} \cdot \frac{8}{15} = \frac{\quad}{\quad}$

616. $\frac{1}{2} \cdot \frac{3}{4} = \frac{\quad}{\quad}$

617. $\frac{2}{3} \cdot \frac{8}{27} = \frac{\quad}{\quad}$

618. $\frac{3}{2} \cdot \frac{9}{10} = \frac{\quad}{\quad} = \qquad \frac{\quad}{\quad}$

619. $\frac{8}{5} \cdot \frac{2}{15} = \frac{\quad}{\quad}$

620. $\frac{2}{11} \cdot \frac{2}{21} = \frac{\quad}{\quad}$

621. $\frac{2}{7} \cdot \frac{2}{5} = \frac{\quad}{\quad}$

622. $\frac{7}{2} \cdot \frac{3}{2} = \frac{\quad}{\quad} = \qquad \frac{\quad}{\quad}$

623. $\frac{4}{11} \cdot \frac{2}{27} = \frac{\quad}{\quad}$

624. $\frac{9}{2} \cdot \frac{9}{2} = \frac{\quad}{\quad} = \qquad \frac{\quad}{\quad}$

625. $\frac{2}{3} \cdot \frac{2}{21} = \frac{\quad}{\quad}$

Kürzen bei der Multiplikation von Brüchen

Wenn es sich allein um Multiplikation handelt, kann bereits vor dem Rechenvorgang jeder Zähler mit jedem Nenner gekürzt werden. Damit umgeht man zu große Zahlen.

$$\frac{\cancel{4}^{2}}{\cancel{6}_{3}}\cdot\frac{9}{12}=\frac{2}{3}\cdot\frac{\cancel{9}^{3}}{\cancel{12}_{4}}=\frac{2}{\cancel{3}_{1}}\cdot\frac{\cancel{3}^{1}}{4}=\frac{\cancel{2}^{1}}{1}\cdot\frac{1}{\cancel{4}_{2}}=\frac{1}{1}\cdot\frac{1}{2}=\frac{1}{2}$$

$$\frac{\cancel{3}^{1}}{5}\cdot\frac{10}{\cancel{12}_{4}}=\frac{1}{\cancel{5}_{1}}\cdot\frac{\cancel{10}^{2}}{4}=\frac{1}{1}\cdot\frac{\cancel{2}^{1}}{\cancel{4}_{2}}=\frac{1}{1}\cdot\frac{1}{2}=\frac{1}{2}$$

Aufgabe 15.1

Multipliziere die Brüche

Lösung:

a) $\frac{5}{8}\cdot\frac{16}{15}$	a) $\frac{5}{8}\cdot\frac{16}{15}=\frac{\cancel{5}^{1}}{\cancel{8}_{1}}\cdot\frac{\cancel{16}^{2}}{\cancel{15}_{3}}=\underline{\underline{\frac{2}{3}}}$
b) $\frac{14}{5}\cdot\frac{10}{7}$	b) $\frac{14}{5}\cdot\frac{10}{7}=\frac{\cancel{14}^{2}}{\cancel{5}_{1}}\cdot\frac{\cancel{10}^{2}}{\cancel{7}_{1}}=\underline{\underline{4}}$

Multipliziere die Brüche II

626. $\frac{6}{125}\cdot\frac{25}{12}=\frac{\cdot}{\cdot}=\underline{\quad}$

627. $\frac{8}{75}\cdot\frac{25}{16}=\frac{\cdot}{\cdot}=\underline{\quad}$

628. $\frac{2}{21}\cdot\frac{7}{8}=\frac{\cdot}{\cdot}=\underline{\quad}$

629. $\frac{9}{8}\cdot\frac{4}{45}=\frac{\cdot}{\cdot}=\underline{\quad}$

630. $\frac{7}{4}\cdot\frac{2}{35}=\frac{\cdot}{\cdot}=\underline{\quad}$

631. $\frac{4}{27}\cdot\frac{9}{16}=\frac{\cdot}{\cdot}=\underline{\quad}$

632. $\frac{2}{1}\cdot\frac{1}{4}=\frac{\cdot}{\cdot}=\underline{\quad}$

633. $\frac{2}{35}\cdot\frac{7}{4}=\frac{\cdot}{\cdot}=\underline{\quad}$

634. $\frac{15}{8}\cdot\frac{2}{45}=\frac{\cdot}{\cdot}=\underline{\quad}$

635. $\frac{5}{56}\cdot\frac{14}{15}=\frac{\cdot}{\cdot}=\underline{\quad}$

636. $\frac{25}{16}\cdot\frac{4}{75}=\frac{\cdot}{\cdot}=\underline{\quad}$

637. $\frac{25}{32}\cdot\frac{8}{125}=\frac{\cdot}{\cdot}=\underline{\quad}$

638. $\frac{15}{16}\cdot\frac{4}{75}=\frac{\cdot}{\cdot}=\underline{\quad}$

639. $\frac{2}{15}\cdot\frac{5}{8}=\frac{\cdot}{\cdot}=\underline{\quad}$

640. $\frac{7}{16} \cdot \frac{8}{21} = \frac{\cdot}{\cdot} = —$

641. $\frac{15}{56} \cdot \frac{14}{45} = \frac{\cdot}{\cdot} = —$

642. $\frac{5}{32} \cdot \frac{8}{15} = \frac{\cdot}{\cdot} = —$

643. $\frac{8}{45} \cdot \frac{15}{16} = \frac{\cdot}{\cdot} = —$

16. Division von Brüchen

> Zwei Brüche werden dividiert, indem der erste Bruch mit dem Kehrwert des zweiten Bruches multipliziert wird.
>
> $$\frac{a}{b} \div \frac{c}{d} = \frac{a}{b} \cdot \frac{d}{c}$$

Aufgabe 16.1

Dividiere die Brüche

Lösung:

a) $\frac{5}{8} \div \frac{6}{9}$	a) $\frac{5}{8} \div \frac{6}{9} = \frac{5}{8} \cdot \frac{9}{6} = \underline{\underline{\frac{45}{48}}}$
b) $\frac{3}{5} \div \frac{7}{4}$	b) $\frac{3}{5} \div \frac{7}{4} = \frac{3}{5} \cdot \frac{4}{7} = \underline{\underline{\frac{12}{35}}}$
c) $\frac{5}{12} \div 4$	c) $\frac{5}{12} \div 4 = \frac{5}{12} \div \frac{4}{1} = \frac{5}{12} \cdot \frac{1}{4} = \underline{\underline{\frac{5}{48}}}$

Dividiere die Brüche

644. $\frac{25}{64} \div \frac{75}{16} = — \cdot — = \frac{\cdot}{\cdot} = —$

645. $\frac{35}{8} \div \frac{25}{2} = — \cdot — = \frac{\cdot}{\cdot} = —$

646. $\frac{9}{32} \div \frac{27}{64} = — \cdot — = \frac{\cdot}{\cdot} = —$

647. $\frac{45}{8} \div \frac{45}{2} = — \cdot — = \frac{\cdot}{\cdot} = —$

648. $\frac{45}{8} \div \frac{45}{2} = — \cdot — = \frac{\cdot}{\cdot} = —$

649. $\frac{15}{32} \div \frac{45}{256} = \frac{\quad}{\quad} \cdot \frac{\quad}{\quad} = \frac{\quad \cdot \quad}{\quad \cdot \quad} = \frac{\quad}{\quad} = \frac{\quad}{\quad}$

650. $\frac{7}{8} \div \frac{21}{8} = \frac{\quad}{\quad} \cdot \frac{\quad}{\quad} = \frac{\quad \cdot \quad}{\quad \cdot \quad} = \frac{\quad}{\quad}$

651. $\frac{11}{32} \div \frac{55}{128} = \frac{\quad}{\quad} \cdot \frac{\quad}{\quad} = \frac{\quad \cdot \quad}{\quad \cdot \quad} = \frac{\quad}{\quad}$

652. $\frac{7}{16} \div \frac{21}{8} = \frac{\quad}{\quad} \cdot \frac{\quad}{\quad} = \frac{\quad \cdot \quad}{\quad \cdot \quad} = \frac{\quad}{\quad}$

653. $\frac{75}{16} \div \frac{15}{4} = \frac{\quad}{\quad} \cdot \frac{\quad}{\quad} = \frac{\quad \cdot \quad}{\quad \cdot \quad} = \frac{\quad}{\quad} = \frac{\quad}{\quad}$

654. $\frac{9}{56} \div \frac{27}{56} = \frac{\quad}{\quad} \cdot \frac{\quad}{\quad} = \frac{\quad \cdot \quad}{\quad \cdot \quad} = \frac{\quad}{\quad}$

655. $\frac{9}{8} \div \frac{45}{2} = \frac{\quad}{\quad} \cdot \frac{\quad}{\quad} = \frac{\quad \cdot \quad}{\quad \cdot \quad} = \frac{\quad}{\quad}$

656. $\frac{125}{16} \div \frac{125}{4} = \frac{\quad}{\quad} \cdot \frac{\quad}{\quad} = \frac{\quad \cdot \quad}{\quad \cdot \quad} = \frac{\quad}{\quad}$

657. $\frac{5}{4} \div \frac{15}{32} = \frac{\quad}{\quad} \cdot \frac{\quad}{\quad} = \frac{\quad \cdot \quad}{\quad \cdot \quad} = \frac{\quad}{\quad} = \frac{\quad}{\quad}$

658. $\frac{3}{8} \div \frac{15}{64} = \frac{\quad}{\quad} \cdot \frac{\quad}{\quad} = \frac{\quad \cdot \quad}{\quad \cdot \quad} = \frac{\quad}{\quad} = \frac{\quad}{\quad}$

659. $\frac{7}{16} \div \frac{3}{16} = \frac{\quad}{\quad} \cdot \frac{\quad}{\quad} = \frac{\quad \cdot \quad}{\quad \cdot \quad} = \frac{\quad}{\quad} = \frac{\quad}{\quad}$

660. $\frac{7}{32} \div \frac{21}{16} = \frac{\quad}{\quad} \cdot \frac{\quad}{\quad} = \frac{\quad \cdot \quad}{\quad \cdot \quad} = \frac{\quad}{\quad}$

661. $\frac{9}{32} \div \frac{15}{8} = \frac{\quad}{\quad} \cdot \frac{\quad}{\quad} = \frac{\quad \cdot \quad}{\quad \cdot \quad} = \frac{\quad}{\quad}$

662. $\frac{7}{4} \div \frac{21}{32} = \frac{\quad}{\quad} \cdot \frac{\quad}{\quad} = \frac{\quad \cdot \quad}{\quad \cdot \quad} = \frac{\quad}{\quad} = \frac{\quad}{\quad}$

663. $\frac{15}{64} \div \frac{75}{16} = \frac{\quad}{\quad} \cdot \frac{\quad}{\quad} = \frac{\quad \cdot \quad}{\quad \cdot \quad} = \frac{\quad}{\quad}$

17. Multiplikation und Division gemischter Zahlen

> Gemischte Zahlen werden in Brüche umgewandelt und diese werden dann multipliziert oder dividiert.

Aufgabe 17.1

Berechne:

Lösung:

a) $2\frac{1}{2}\cdot 3\frac{1}{5}$	a) $2\frac{1}{2}\cdot 3\frac{1}{5} = \frac{\cancel{5}^{1}}{\cancel{2}_{1}}\cdot\frac{\cancel{16}^{8}}{\cancel{5}_{1}} = \frac{8}{1} = \underline{\underline{8}}$
b) $4\frac{4}{5}\cdot 4\frac{1}{4}$	b) $4\frac{4}{5}\cdot 4\frac{1}{4} = \frac{\cancel{24}^{6}}{5}\cdot\frac{17}{\cancel{4}_{1}} = \frac{102}{5} = \underline{\underline{20\frac{2}{5}}}$
c) $20\frac{5}{8}\div 13\frac{3}{4}$	c) $20\frac{5}{8}\div 13\frac{3}{4} = \frac{165}{8}\div\frac{55}{4} = \frac{\cancel{165}^{3}}{\cancel{8}_{2}}\cdot\frac{\cancel{4}^{1}}{\cancel{55}_{1}} = \frac{3}{2} = \underline{\underline{1\frac{1}{2}}}$
d) $1\frac{1}{6}\div 1\frac{1}{4}$	d) $1\frac{1}{6}\div 1\frac{1}{4} = \frac{7}{6}\div\frac{5}{4} = \frac{7}{\cancel{6}_{3}}\cdot\frac{\cancel{4}^{2}}{5} = \underline{\underline{\frac{14}{15}}}$

Multipliziere die gemischten Zahlen

664. $\frac{8}{25}\cdot 6\frac{1}{4} = \frac{\quad}{\quad}\cdot\frac{\quad}{\quad} = \frac{\cdot}{\cdot} = \frac{\quad}{\quad} =$

665. $2\frac{2}{3}\cdot\frac{9}{14} = \frac{\quad}{\quad}\cdot\frac{\quad}{\quad} = \frac{\cdot}{\cdot} = \frac{\quad}{\quad} = \quad \frac{\quad}{\quad}$

666. $7\frac{1}{2}\cdot 11\frac{1}{5} = \frac{\quad}{\quad}\cdot\frac{\quad}{\quad} = \frac{\cdot}{\cdot} = \frac{\quad}{\quad} =$

667. $2\frac{13}{16}\cdot 25\frac{3}{5} = \frac{\quad}{\quad}\cdot\frac{\quad}{\quad} = \frac{\cdot}{\cdot} = \frac{\quad}{\quad} =$

668. $\frac{16}{25}\cdot 52\frac{1}{2} = \frac{\quad}{\quad}\cdot\frac{\quad}{\quad} = \frac{\cdot}{\cdot} = \frac{\quad}{\quad} = \quad \frac{\quad}{\quad}$

669. $3\frac{15}{16}\cdot 2\frac{2}{3} = \frac{\quad}{\quad}\cdot\frac{\quad}{\quad} = \frac{\cdot}{\cdot} = \frac{\quad}{\quad} = \quad \frac{\quad}{\quad}$

670. $7\frac{7}{8}\cdot 21\frac{1}{3} = \frac{\quad}{\quad}\cdot\frac{\quad}{\quad} = \frac{\cdot}{\cdot} = \frac{\quad}{\quad} =$

671. $1\frac{13}{14} \cdot 5\frac{1}{3} = \frac{\quad}{\quad} \cdot \frac{\quad}{\quad} = \frac{\cdot}{\cdot} = \frac{\quad}{\quad} = \quad \frac{\quad}{\quad}$

672. $5\frac{5}{8} \cdot 2\frac{2}{15} = \frac{\quad}{\quad} \cdot \frac{\quad}{\quad} = \frac{\cdot}{\cdot} = \frac{\quad}{\quad} =$

673. $\frac{15}{16} \cdot 2\frac{2}{3} = \frac{\quad}{\quad} \cdot \frac{\quad}{\quad} = \frac{\cdot}{\cdot} = \frac{\quad}{\quad} = \quad \frac{\quad}{\quad}$

674. $12\frac{4}{9} \cdot 7\frac{7}{8} = \frac{\quad}{\quad} \cdot \frac{\quad}{\quad} = \frac{\cdot}{\cdot} = \frac{\quad}{\quad} =$

675. $7\frac{7}{8} \cdot 4\frac{4}{15} = \frac{\quad}{\quad} \cdot \frac{\quad}{\quad} = \frac{\cdot}{\cdot} = \frac{\quad}{\quad} = \quad \frac{\quad}{\quad}$

676. $1\frac{1}{15} \cdot 21\frac{7}{8} = \frac{\quad}{\quad} \cdot \frac{\quad}{\quad} = \frac{\cdot}{\cdot} = \frac{\quad}{\quad} = \quad \frac{\quad}{\quad}$

677. $1\frac{1}{15} \cdot 13\frac{1}{8} = \frac{\quad}{\quad} \cdot \frac{\quad}{\quad} = \frac{\cdot}{\cdot} = \frac{\quad}{\quad} =$

678. $5\frac{5}{14} \cdot 1\frac{3}{5} = \frac{\quad}{\quad} \cdot \frac{\quad}{\quad} = \frac{\cdot}{\cdot} = \frac{\quad}{\quad} = \quad \frac{\quad}{\quad}$

679. $4\frac{11}{16} \cdot 18\frac{2}{7} = \frac{\quad}{\quad} \cdot \frac{\quad}{\quad} = \frac{\cdot}{\cdot} = \frac{\quad}{\quad} = \quad \frac{\quad}{\quad}$

680. $2\frac{3}{16} \cdot 2\frac{6}{25} = \frac{\quad}{\quad} \cdot \frac{\quad}{\quad} = \frac{\cdot}{\cdot} = \frac{\quad}{\quad} = \quad \frac{\quad}{\quad}$

681. $10\frac{1}{2} \cdot 5\frac{1}{3} = \frac{\quad}{\quad} \cdot \frac{\quad}{\quad} = \frac{\cdot}{\cdot} = \frac{\quad}{\quad} =$

682. $7\frac{1}{2} \cdot 1\frac{7}{25} = \frac{\quad}{\quad} \cdot \frac{\quad}{\quad} = \frac{\cdot}{\cdot} = \frac{\quad}{\quad} = \quad \frac{\quad}{\quad}$

683. $4\frac{4}{15} \cdot 13\frac{1}{2} = \frac{\quad}{\quad} \cdot \frac{\quad}{\quad} = \frac{\cdot}{\cdot} = \frac{\quad}{\quad} = \quad \frac{\quad}{\quad}$

Dividiere die gemischten Zahlen

684. $5\frac{1}{4} \div 22\frac{1}{2} = \frac{\quad}{\quad} \div \frac{\quad}{\quad} = \frac{\quad}{\quad} \cdot \frac{\quad}{\quad} = \frac{\cdot}{\cdot} = \frac{\quad}{\quad}$

685. $22\frac{1}{2} \div 1\frac{13}{14} = \frac{\quad}{\quad} \div \frac{\quad}{\quad} = \frac{\quad}{\quad} \cdot \frac{\quad}{\quad} = \frac{\cdot}{\cdot} = \frac{\quad}{\quad} = \quad \frac{\quad}{\quad}$

686. $7\frac{1}{2} \div 10\frac{1}{2} = \frac{}{} \div \frac{}{} = \frac{}{} \cdot \frac{}{} = \frac{\cdot}{\cdot} = \frac{}{}$

687. $4\frac{4}{15} \div \frac{8}{9} = \frac{}{} \div \frac{}{} = \frac{}{} \cdot \frac{}{} = \frac{\cdot}{\cdot} = \frac{}{} = \quad \frac{}{}$

688. $52\frac{1}{2} \div 3\frac{1}{16} = \frac{}{} \div \frac{}{} = \frac{}{} \cdot \frac{}{} = \frac{\cdot}{\cdot} = \frac{}{} = \quad \frac{}{}$

689. $1\frac{13}{15} \div \frac{4}{7} = \frac{}{} \div \frac{}{} = \frac{}{} \cdot \frac{}{} = \frac{\cdot}{\cdot} = \frac{}{} = \quad \frac{}{}$

690. $1\frac{1}{8} \div 22\frac{1}{2} = \frac{}{} \div \frac{}{} = \frac{}{} \cdot \frac{}{} = \frac{\cdot}{\cdot} = \frac{}{}$

691. $5\frac{5}{14} \div 5\frac{5}{8} = \frac{}{} \div \frac{}{} = \frac{}{} \cdot \frac{}{} = \frac{\cdot}{\cdot} = \frac{}{}$

692. $1\frac{1}{2} \div 18\frac{3}{4} = \frac{}{} \div \frac{}{} = \frac{}{} \cdot \frac{}{} = \frac{\cdot}{\cdot} = \frac{}{}$

693. $11\frac{1}{4} \div 1\frac{7}{8} = \frac{}{} \div \frac{}{} = \frac{}{} \cdot \frac{}{} = \frac{\cdot}{\cdot} = \frac{}{} =$

694. $10\frac{2}{3} \div 42\frac{2}{3} = \frac{}{} \div \frac{}{} = \frac{}{} \cdot \frac{}{} = \frac{\cdot}{\cdot} = \frac{}{}$

695. $1\frac{7}{9} \div 8\frac{8}{15} = \frac{}{} \div \frac{}{} = \frac{}{} \cdot \frac{}{} = \frac{\cdot}{\cdot} = \frac{}{}$

696. $1\frac{5}{16} \div 1\frac{1}{14} = \frac{}{} \div \frac{}{} = \frac{}{} \cdot \frac{}{} = \frac{\cdot}{\cdot} = \frac{}{} = \quad \frac{}{}$

697. $9\frac{1}{7} \div 11\frac{1}{5} = \frac{}{} \div \frac{}{} = \frac{}{} \cdot \frac{}{} = \frac{\cdot}{\cdot} = \frac{}{}$

698. $7\frac{1}{2} \div 10\frac{1}{2} = \frac{}{} \div \frac{}{} = \frac{}{} \cdot \frac{}{} = \frac{\cdot}{\cdot} = \frac{}{}$

699. $12\frac{1}{4} \div 26\frac{1}{4} = \frac{}{} \div \frac{}{} = \frac{}{} \cdot \frac{}{} = \frac{\cdot}{\cdot} = \frac{}{}$

700. $\frac{16}{25} \div 1\frac{13}{15} = \frac{}{} \div \frac{}{} = \frac{}{} \cdot \frac{}{} = \frac{\cdot}{\cdot} = \frac{}{}$

701. $4\frac{1}{2} \div 6\frac{3}{4} = \frac{}{} \div \frac{}{} = \frac{}{} \cdot \frac{}{} = \frac{\cdot}{\cdot} = \frac{}{}$

702. $1\frac{1}{7} \div 3\frac{11}{15} = \frac{}{} \div \frac{}{} = \frac{}{} \cdot \frac{}{} = \frac{\cdot}{\cdot} = \frac{}{}$

703. $2\frac{2}{15} \div 2\frac{2}{15} = \frac{}{} \div \frac{}{} = \frac{}{} \cdot \frac{}{} = \frac{\cdot}{\cdot} = \frac{}{} =$

18. Doppelbrüche

$$\frac{2}{3} : \frac{5}{6} = \frac{\frac{2}{3}}{\frac{5}{6}} \quad \begin{array}{l} \longrightarrow \text{Nebenbruchstrich} \\ \longrightarrow \text{Hauptbruchstrich} \\ \longrightarrow \text{Nebenbruchstrich} \end{array}$$

Aufgabe 18.1

Berechne:

a) $\frac{\frac{2}{3}}{\frac{5}{6}}$ b) $\frac{3}{\frac{6}{7}}$ c) $\frac{\frac{2}{5}}{4}$

Lösung:

a) $\frac{\frac{2}{3}}{\frac{5}{6}} = \frac{2}{3} : \frac{5}{6} = \frac{2}{3} \cdot \frac{6}{5} = \frac{2}{\cancel{3}^{1}} \cdot \frac{\cancel{6}^{2}}{5} = \underline{\underline{\frac{4}{5}}}$

b) $\frac{3}{\frac{6}{7}} = 3 : \frac{6}{7} = 3 \cdot \frac{7}{6} = \cancel{3}^{1} \cdot \frac{7}{\cancel{6}^{2}} = \frac{7}{2} = \underline{\underline{3\frac{1}{2}}}$

c) $\frac{\frac{2}{5}}{4} = \frac{2}{5} : 4 = \frac{2}{5} \cdot \frac{1}{4} = \frac{\cancel{2}^{1}}{5} \cdot \frac{1}{\cancel{4}^{2}} = \underline{\underline{\frac{1}{10}}}$

Dividiere die Doppelbrüche

704. $$\frac{15}{\frac{75}{4}} = \quad \div \frac{\quad}{\quad} = \quad \cdot \frac{\quad}{\quad} = \frac{\quad \cdot \quad}{\quad} = \frac{\quad}{\quad}$$

705. $$\frac{\frac{75}{16}}{\frac{45}{4}} = \frac{\quad}{\quad} \div \frac{\quad}{\quad} = \frac{\quad}{\quad} \cdot \frac{\quad}{\quad} = \frac{\quad \cdot \quad}{\quad \cdot \quad} = \frac{\quad}{\quad}$$

706. $$\frac{\frac{25}{16}}{125} = \frac{\quad}{\quad} \div \quad = \frac{\quad}{\quad} \cdot \frac{\quad}{\quad} = \frac{\quad}{\quad \cdot \quad} = \frac{\quad}{\quad}$$

707. $$\frac{\frac{11}{32}}{55} = \frac{\quad}{\quad} \div \quad = \frac{\quad}{\quad} \cdot \frac{\quad}{\quad} = \frac{\quad}{\quad \cdot \quad} = \frac{\quad}{\quad}$$

708. $$\frac{25}{\frac{125}{8}} = \quad \div \frac{\quad}{\quad} = \quad \cdot \frac{\quad}{\quad} = \frac{\quad \cdot \quad}{\quad} = \frac{\quad}{\quad} = \quad \frac{\quad}{\quad}$$

709. $$\frac{\frac{135}{4}}{\frac{75}{2}} = \frac{\quad}{\quad} \div \frac{\quad}{\quad} = \frac{\quad}{\quad} \cdot \frac{\quad}{\quad} = \frac{\quad \cdot \quad}{\quad \cdot \quad} = \frac{\quad}{\quad}$$

710. $$\frac{9}{\frac{27}{16}} = \quad \div \frac{\quad}{\quad} = \quad \cdot \frac{\quad}{\quad} = \frac{\quad \cdot \quad}{\quad} = \frac{\quad}{\quad} = \quad \frac{\quad}{\quad}$$

711. $$\frac{\frac{375}{64}}{\frac{75}{16}} = \frac{\quad}{\quad} \div \frac{\quad}{\quad} = \frac{\quad}{\quad} \cdot \frac{\quad}{\quad} = \frac{\quad \cdot \quad}{\quad \cdot \quad} = \frac{\quad}{\quad} = \quad \frac{\quad}{\quad}$$

712. $\dfrac{\frac{9}{56}}{45} = \dfrac{\quad}{\quad} \div \qquad = \dfrac{\quad}{\quad} \cdot \dfrac{\quad}{\quad} = \dfrac{\qquad}{\cdot} = \dfrac{\quad}{\quad}$

713. $\dfrac{\frac{45}{8}}{\frac{15}{4}} = \dfrac{\quad}{\quad} \div \dfrac{\quad}{\quad} = \dfrac{\quad}{\quad} \cdot \dfrac{\quad}{\quad} = \dfrac{\cdot}{\cdot} = \dfrac{\quad}{\quad} = \qquad \dfrac{\quad}{\quad}$

714. $\dfrac{\frac{3}{8}}{\frac{9}{32}} = \dfrac{\quad}{\quad} \div \dfrac{\quad}{\quad} = \dfrac{\quad}{\quad} \cdot \dfrac{\quad}{\quad} = \dfrac{\cdot}{\cdot} = \dfrac{\quad}{\quad} = \qquad \dfrac{\quad}{\quad}$

715. $\dfrac{\frac{3}{32}}{\frac{15}{128}} = \dfrac{\quad}{\quad} \div \dfrac{\quad}{\quad} = \dfrac{\quad}{\quad} \cdot \dfrac{\quad}{\quad} = \dfrac{\cdot}{\cdot} = \dfrac{\quad}{\quad}$

716. $\dfrac{3}{\frac{15}{8}} = \qquad \div \dfrac{\quad}{\quad} = \qquad \cdot \dfrac{\quad}{\quad} = \dfrac{\cdot}{\qquad} = \dfrac{\quad}{\quad} = \qquad \dfrac{\quad}{\quad}$

717. $\dfrac{\frac{5}{8}}{\frac{15}{28}} = \dfrac{\quad}{\quad} \div \dfrac{\quad}{\quad} = \dfrac{\quad}{\quad} \cdot \dfrac{\quad}{\quad} = \dfrac{\cdot}{\cdot} = \dfrac{\quad}{\quad} = \qquad \dfrac{\quad}{\quad}$

718. $\dfrac{\frac{3}{56}}{\frac{9}{28}} = \dfrac{\quad}{\quad} \div \dfrac{\quad}{\quad} = \dfrac{\quad}{\quad} \cdot \dfrac{\quad}{\quad} = \dfrac{\cdot}{\cdot} = \dfrac{\quad}{\quad}$

719. $\dfrac{\frac{1}{4}}{21} = \dfrac{\quad}{\quad} \div \qquad = \dfrac{\quad}{\quad} \cdot \dfrac{\quad}{\quad} = \dfrac{\qquad}{\cdot} = \dfrac{\quad}{\quad}$

720. $\dfrac{\frac{75}{28}}{\frac{45}{14}} = \dfrac{\quad}{\quad} \div \dfrac{\quad}{\quad} = \dfrac{\quad}{\quad} \cdot \dfrac{\quad}{\quad} = \dfrac{\quad \cdot \quad}{\quad \cdot \quad} = \dfrac{\quad}{\quad}$

721. $\dfrac{7}{\frac{35}{4}} = \qquad \div \dfrac{\quad}{\quad} = \qquad \cdot \dfrac{\quad}{\quad} = \dfrac{\quad \cdot \quad}{\quad} = \dfrac{\quad}{\quad}$

722. $\dfrac{\frac{3}{64}}{9} = \dfrac{\quad}{\quad} \div \qquad = \dfrac{\quad}{\quad} \cdot \dfrac{\quad}{\quad} = \dfrac{\quad}{\quad \cdot \quad} = \dfrac{\quad}{\quad}$

723. $\dfrac{\frac{25}{4}}{75} = \dfrac{\quad}{\quad} \div \qquad = \dfrac{\quad}{\quad} \cdot \dfrac{\quad}{\quad} = \dfrac{\quad}{\quad \cdot \quad} = \dfrac{\quad}{\quad}$

19. Übungsbeispiele

Klammern

724. $\left(\dfrac{2}{6} - 1\dfrac{1}{10}\right) \cdot 1\dfrac{2}{3} =$

$= \left(\dfrac{\quad}{\quad} - \dfrac{\quad \cdot \quad + \quad}{\quad}\right) \cdot \dfrac{\quad \cdot \quad + \quad}{\quad} =$

$= \dfrac{\quad - \quad}{\quad} \cdot \dfrac{\quad}{\quad} = \dfrac{\quad}{\quad} \cdot \dfrac{\quad}{\quad} = \dfrac{\quad}{\quad} = \qquad \dfrac{\quad}{\quad}$

kgV $(\quad , \quad) =$ ggT $(\quad , \quad) =$

725. $\left(2\dfrac{1}{7} + 1\dfrac{8}{10}\right) \cdot 1\dfrac{2}{3} =$

$= \left(\dfrac{\quad \cdot \quad + \quad}{\quad} + \dfrac{\quad \cdot \quad + \quad}{\quad}\right) \cdot \dfrac{\quad \cdot \quad + \quad}{\quad} =$

$= \dfrac{\quad + \quad}{\quad} \cdot \dfrac{\quad}{\quad} = \dfrac{\quad}{\quad} \cdot \dfrac{\quad}{\quad} = \dfrac{\quad}{\quad} = \qquad \dfrac{\quad}{\quad}$

kgV $(\quad , \quad) =$ ggT $(\quad , \quad) =$

726. $\left(\frac{5}{9}+1\frac{1}{8}\right)\cdot 1\frac{1}{9}=$

$=\left(\frac{\quad}{\quad}+\frac{\quad\cdot\quad+\quad}{\quad}\right)\cdot\frac{\quad\cdot\quad+\quad}{\quad}=$

$=\frac{\quad+\quad}{\quad}\cdot\frac{\quad}{\quad}=\frac{\quad}{\quad}\cdot\frac{\quad}{\quad}=\frac{\quad}{\quad}=\quad\frac{\quad}{\quad}$

kgV$(\quad,\quad)=$ ggT$(\quad,\quad)=$

727. $\left(1\frac{4}{10}+1\frac{1}{4}\right)\div 1\frac{3}{4}=$

$=\left(\frac{\quad\cdot\quad+\quad}{\quad}+\frac{\quad\cdot\quad+\quad}{\quad}\right)\div\frac{\quad\cdot\quad+\quad}{\quad}=$

$=\frac{\quad+\quad}{\quad}\div\frac{\quad}{\quad}=\frac{\quad}{\quad}\cdot\frac{\quad}{\quad}=\frac{\quad}{\quad}=\quad\frac{\quad}{\quad}$

kgV$(\quad,\quad)=$ ggT$(\quad,\quad)=$

728. $\left(2\frac{2}{4}-1\frac{4}{8}\right)\div 1\frac{1}{2}=$

$=\left(\frac{\quad\cdot\quad+\quad}{\quad}-\frac{\quad\cdot\quad+\quad}{\quad}\right)\div\frac{\quad\cdot\quad+\quad}{\quad}=$

$=\frac{\quad-\quad}{\quad}\div\frac{\quad}{\quad}=\frac{\quad}{\quad}\cdot\frac{\quad}{\quad}=\frac{\quad}{\quad}$

kgV$(\quad,\quad)=$ ggT$(\quad,\quad)=$

729. $\left(\frac{3}{7}-1\frac{1}{4}\right)\div 1\frac{1}{10}=$

$=\left(\frac{\quad}{\quad}-\frac{\quad\cdot\quad+\quad}{\quad}\right)\div\frac{\quad\cdot\quad+\quad}{\quad}=$

$=\frac{\quad-\quad}{\quad}\div\frac{\quad}{\quad}=\frac{\quad}{\quad}\cdot\frac{\quad}{\quad}=\frac{\quad}{\quad}$

kgV$(\quad,\quad)=$ ggT$(\quad,\quad)=$

730. $\left(2\frac{2}{4}+2\frac{2}{5}\right)\cdot 1\frac{1}{10}=$

$=\left(\frac{\quad\cdot\quad+\quad}{\quad}+\frac{\quad\cdot\quad+\quad}{\quad}\right)\cdot\frac{\quad\cdot\quad+\quad}{\quad}=$

$=\frac{\quad+\quad}{\quad}\cdot\frac{\quad}{\quad}=\frac{\quad}{\quad}\cdot\frac{\quad}{\quad}=\frac{\quad}{\quad}=\quad\frac{\quad}{\quad}$

kgV$(\quad,\quad)=$ ggT$(\quad,\quad)=$

731. $\left(1\frac{7}{8}-1\frac{1}{8}\right)\cdot 1\frac{1}{3}=$

$=\left(\frac{\quad\cdot\quad+\quad}{\quad}-\frac{\quad\cdot\quad+\quad}{\quad}\right)\cdot\frac{\quad\cdot\quad+\quad}{\quad}=$

$=\frac{\quad-\quad}{\quad}\cdot\frac{\quad}{\quad}=\frac{\quad}{\quad}\cdot\frac{\quad}{\quad}=\frac{\quad}{\quad}=$

kgV$(\quad,\quad)=$ ggT$(\quad,\quad)=$

732. $\left(1\frac{6}{8}+1\frac{1}{9}\right)\cdot 1\frac{1}{2}=$

$=\left(\frac{\quad\cdot\quad+\quad}{\quad}+\frac{\quad\cdot\quad+\quad}{\quad}\right)\cdot\frac{\quad\cdot\quad+\quad}{\quad}=$

$=\frac{\quad+\quad}{\quad}\cdot\frac{\quad}{\quad}=\frac{\quad}{\quad}\cdot\frac{\quad}{\quad}=\frac{\quad}{\quad}=\quad\frac{\quad}{\quad}$

kgV$(\quad,\quad)=$ ggT$(\quad,\quad)=$

733. $\left(1\frac{1}{3}+1\frac{1}{6}\right)\div 1\frac{1}{6}=$

$=\left(\frac{\quad\cdot\quad+\quad}{\quad}+\frac{\quad\cdot\quad+\quad}{\quad}\right)\div\frac{\quad\cdot\quad+\quad}{\quad}=$

$=\frac{\quad+\quad}{\quad}\div\frac{\quad}{\quad}=\frac{\quad}{\quad}\cdot\frac{\quad}{\quad}=\frac{\quad}{\quad}=\quad\frac{\quad}{\quad}$

kgV$(\quad,\quad)=$ ggT$(\quad,\quad)=$

734. $\left(1\frac{1}{5} - 3\frac{2}{6}\right) \cdot 1\frac{1}{8} =$

$= \left(\frac{\cdot \quad +}{\quad} - \frac{\cdot \quad +}{\quad}\right) \cdot \frac{\cdot \quad +}{\quad} =$

$= \frac{-}{\quad} \cdot \frac{\quad}{\quad} = \frac{\quad}{\quad} \cdot \frac{\quad}{\quad} = \frac{\quad}{\quad} = \quad \frac{\quad}{\quad}$

kgV $(\quad , \quad) =$ ggT $(\quad , \quad) =$

735. $\left(\frac{5}{10} + 5\frac{2}{4}\right) \cdot 1\frac{2}{8} =$

$= \left(\frac{\quad}{\quad} + \frac{\cdot \quad +}{\quad}\right) \cdot \frac{\cdot \quad +}{\quad} =$

$= \frac{+}{\quad} \cdot \frac{\quad}{\quad} = \frac{\quad}{\quad} \cdot \frac{\quad}{\quad} = \frac{\quad}{\quad} = \quad \frac{\quad}{\quad}$

kgV $(\quad , \quad) =$ ggT $(\quad , \quad) =$

736. $\left(1\frac{9}{10} - 1\frac{1}{8}\right) \cdot 2\frac{6}{7} =$

$= \left(\frac{\cdot \quad +}{\quad} - \frac{\cdot \quad +}{\quad}\right) \cdot \frac{\cdot \quad +}{\quad} =$

$= \frac{-}{\quad} \cdot \frac{\quad}{\quad} = \frac{\quad}{\quad} \cdot \frac{\quad}{\quad} = \frac{\quad}{\quad} = \quad \frac{\quad}{\quad}$

kgV $(\quad , \quad) =$ ggT $(\quad , \quad) =$

737. $\left(\frac{2}{3} - 1\frac{2}{5}\right) \cdot 1\frac{1}{7} =$

$= \left(\frac{\quad}{\quad} - \frac{\cdot \quad +}{\quad}\right) \cdot \frac{\cdot \quad +}{\quad} =$

$= \frac{-}{\quad} \cdot \frac{\quad}{\quad} = \frac{\quad}{\quad} \cdot \frac{\quad}{\quad} = \frac{\quad}{\quad}$

kgV $(\quad , \quad) =$ ggT $(\quad , \quad) =$

738. $\left(2\frac{4}{6} + 1\frac{1}{4}\right) \cdot 1\frac{4}{5} =$

$= \left(\frac{\quad \cdot \quad + \quad}{\qquad} + \frac{\quad \cdot \quad + \quad}{\qquad}\right) \cdot \frac{\quad \cdot \quad + \quad}{\qquad} =$

$= \frac{\quad + \quad}{\qquad} \cdot \frac{\quad}{\quad} = \frac{\quad}{\quad} \cdot \frac{\quad}{\quad} = \frac{\quad}{\quad} = \qquad \frac{\quad}{\quad}$

kgV(,) = ggT(,) =

739. $\left(\frac{7}{9} - 2\frac{4}{5}\right) \cdot 1\frac{1}{7} =$

$= \left(\frac{\quad}{\quad} - \frac{\quad \cdot \quad + \quad}{\qquad}\right) \cdot \frac{\quad \cdot \quad + \quad}{\qquad} =$

$= \frac{\quad - \quad}{\qquad} \cdot \frac{\quad}{\quad} = \frac{\quad}{\quad} \cdot \frac{\quad}{\quad} = \frac{\quad}{\quad} = \qquad \frac{\quad}{\quad}$

kgV(,) = ggT(,) =

740. $\left(3\frac{2}{6} - 1\frac{1}{7}\right) \div 1\frac{6}{7} =$

$= \left(\frac{\quad \cdot \quad + \quad}{\qquad} - \frac{\quad \cdot \quad + \quad}{\qquad}\right) \div \frac{\quad \cdot \quad + \quad}{\qquad} =$

$= \frac{\quad - \quad}{\qquad} \div \frac{\quad}{\quad} = \frac{\quad}{\quad} \cdot \frac{\quad}{\quad} = \frac{\quad}{\quad} = \qquad \frac{\quad}{\quad}$

kgV(,) = ggT(,) =

741. $\left(\frac{3}{10} + 5\frac{2}{3}\right) \div 1\frac{2}{3} =$

$= \left(\frac{\quad}{\quad} + \frac{\quad \cdot \quad + \quad}{\qquad}\right) \div \frac{\quad \cdot \quad + \quad}{\qquad} =$

$= \frac{\quad + \quad}{\qquad} \div \frac{\quad}{\quad} = \frac{\quad}{\quad} \cdot \frac{\quad}{\quad} = \frac{\quad}{\quad} = \qquad \frac{\quad}{\quad}$

kgV(,) = ggT(,) =

742. $\left(\frac{3}{10} + 1\frac{1}{7}\right) \cdot 1\frac{1}{7} =$

$$= \left(\frac{\quad}{\quad} + \frac{\quad\cdot\quad+\quad}{\quad}\right) \cdot \frac{\quad\cdot\quad+\quad}{\quad} =$$

$$= \frac{\quad+\quad}{\quad} \cdot \frac{\quad}{\quad} = \frac{\quad}{\quad} \cdot \frac{\quad}{\quad} = \frac{\quad}{\quad} = \quad \frac{\quad}{\quad}$$

kgV $(\quad,\quad) =$ ggT $(\quad,\quad) =$

743. $\left(\frac{8}{9} + 2\frac{3}{5}\right) \cdot 1\frac{1}{6} =$

$$= \left(\frac{\quad}{\quad} + \frac{\quad\cdot\quad+\quad}{\quad}\right) \cdot \frac{\quad\cdot\quad+\quad}{\quad} =$$

$$= \frac{\quad+\quad}{\quad} \cdot \frac{\quad}{\quad} = \frac{\quad}{\quad} \cdot \frac{\quad}{\quad} = \frac{\quad}{\quad} = \quad \frac{\quad}{\quad}$$

kgV $(\quad,\quad) =$ ggT $(\quad,\quad) =$

Klammern II

744. $\left(\frac{5}{6} + 2\frac{2}{8}\right) \cdot \left(2\frac{3}{5} - 1\frac{7}{8}\right) =$

$$= \left(\frac{}{} + \frac{\;\cdot\;+\;}{}\right) \cdot \left(\frac{\;\cdot\;+\;}{} - \frac{\;\cdot\;+\;}{}\right) =$$

kgV(,) = kgV(,) =

$$= \frac{\;+\;}{} \cdot \frac{\;-\;}{} = \frac{}{} \cdot \frac{}{} = \frac{}{} = \frac{}{}$$

ggT(,) =

745. $\left(1\frac{2}{3} + 1\frac{1}{6}\right) \div \left(1\frac{6}{7} + 2\frac{1}{3}\right) =$

$$= \left(\frac{\;\cdot\;+\;}{} + \frac{\;\cdot\;+\;}{}\right) \div \left(\frac{\;\cdot\;+\;}{} + \frac{\;\cdot\;+\;}{}\right) =$$

kgV(,) = kgV(,) =

$$= \frac{\;+\;}{} \div \frac{\;+\;}{} = \frac{}{} \cdot \frac{}{} = \frac{}{}$$

ggT(,) =

746. $\left(1\frac{1}{5} + 1\frac{1}{4}\right) \cdot \left(2\frac{2}{5} - 1\frac{6}{8}\right) =$

$$= \left(\frac{\;\cdot\;+\;}{} + \frac{\;\cdot\;+\;}{}\right) \cdot \left(\frac{\;\cdot\;+\;}{} - \frac{\;\cdot\;+\;}{}\right) =$$

kgV(,) = kgV(,) =

$$= \frac{\;+\;}{} \cdot \frac{\;-\;}{} = \frac{}{} \cdot \frac{}{} = \frac{}{} = \frac{}{}$$

ggT(,) =

747. $\left(1\frac{8}{10} - 1\frac{1}{6}\right) \div \left(1\frac{1}{6} - 2\frac{2}{4}\right) =$

$= \left(\frac{\cdot \quad +}{\quad} - \frac{\cdot \quad +}{\quad}\right) \div \left(\frac{\cdot \quad +}{\quad} - \frac{\cdot \quad +}{\quad}\right) =$

kgV $(\quad , \quad) =$ kgV $(\quad , \quad) =$

$= \frac{-}{\quad} \div \frac{-}{\quad} = \frac{\quad}{\quad} \cdot \frac{\quad}{\quad} = \frac{\quad}{\quad} = \frac{\quad}{\quad}$

ggT $(\quad , \quad) =$

748. $\left(\frac{5}{10} - 1\frac{1}{9}\right) \cdot \left(1\frac{6}{10} + 1\frac{1}{8}\right) =$

$= \left(\frac{\quad}{\quad} - \frac{\cdot \quad +}{\quad}\right) \cdot \left(\frac{\cdot \quad +}{\quad} + \frac{\cdot \quad +}{\quad}\right) =$

kgV $(\quad , \quad) =$ kgV $(\quad , \quad) =$

$= \frac{-}{\quad} \cdot \frac{+}{\quad} = \frac{\quad}{\quad} \cdot \frac{\quad}{\quad} = \frac{\quad}{\quad} = \quad \frac{\quad}{\quad}$

ggT $(\quad , \quad) =$

749. $\left(1\frac{7}{8} - 1\frac{1}{9}\right) \cdot \left(1\frac{1}{9} + 1\frac{1}{7}\right) =$

$= \left(\frac{\cdot \quad +}{\quad} - \frac{\cdot \quad +}{\quad}\right) \cdot \left(\frac{\cdot \quad +}{\quad} + \frac{\cdot \quad +}{\quad}\right) =$

kgV $(\quad , \quad) =$ kgV $(\quad , \quad) =$

$= \frac{-}{\quad} \cdot \frac{+}{\quad} = \frac{\quad}{\quad} \cdot \frac{\quad}{\quad} = \frac{\quad}{\quad} = \quad \frac{\quad}{\quad}$

ggT $(\quad , \quad) -$

750. $\left(3\frac{3}{5}+1\frac{6}{7}\right)\cdot\left(1\frac{1}{5}-7\frac{1}{2}\right)=$

$=\left(\frac{\quad\cdot\quad+\quad}{\qquad}+\frac{\quad\cdot\quad+\quad}{\qquad}\right)\cdot\left(\frac{\quad\cdot\quad+\quad}{\qquad}-\frac{\quad\cdot\quad+\quad}{\qquad}\right)=$

kgV $\left(\quad,\quad\right)=$ kgV $\left(\quad,\quad\right)=$

$=\frac{\quad+\quad}{\qquad}\cdot\frac{\quad-\quad}{\qquad}=\frac{\quad}{\quad}\cdot\frac{\quad}{\quad}=\frac{\quad}{\quad}=\quad\frac{\quad}{\quad}$

ggT $\left(\quad,\quad\right)=$

751. $\left(3\frac{1}{5}-1\frac{7}{9}\right)\div\left(1\frac{1}{7}+1\frac{1}{5}\right)=$

$=\left(\frac{\quad\cdot\quad+\quad}{\qquad}-\frac{\quad\cdot\quad+\quad}{\qquad}\right)\div\left(\frac{\quad\cdot\quad+\quad}{\qquad}+\frac{\quad\cdot\quad+\quad}{\qquad}\right)=$

kgV $\left(\quad,\quad\right)=$ kgV $\left(\quad,\quad\right)=$

$=\frac{\quad-\quad}{\qquad}\div\frac{\quad+\quad}{\qquad}=\frac{\quad}{\quad}\cdot\frac{\quad}{\quad}=\frac{\quad}{\quad}$

ggT $\left(\quad,\quad\right)=$

752. $\left(1\frac{3}{5}+1\frac{1}{9}\right)\div\left(1\frac{1}{2}+1\frac{1}{4}\right)=$

$=\left(\frac{\quad\cdot\quad+\quad}{\qquad}+\frac{\quad\cdot\quad+\quad}{\qquad}\right)\div\left(\frac{\quad\cdot\quad+\quad}{\qquad}+\frac{\quad\cdot\quad+\quad}{\qquad}\right)=$

kgV $\left(\quad,\quad\right)=$ kgV $\left(\quad,\quad\right)=$

$=\frac{\quad+\quad}{\qquad}\div\frac{\quad+\quad}{\qquad}=\frac{\quad}{\quad}\cdot\frac{\quad}{\quad}=\frac{\quad}{\quad}$

ggT $\left(\quad,\quad\right)=$

753. $\left(1\frac{8}{10} - 1\frac{7}{9}\right) \cdot \left(1\frac{4}{5} + 3\frac{2}{5}\right) =$

$= \left(\frac{\quad\cdot\quad+\quad}{\qquad} - \frac{\quad\cdot\quad+\quad}{\qquad}\right) \cdot \left(\frac{\quad\cdot\quad+\quad}{\qquad} + \frac{\quad\cdot\quad+\quad}{\qquad}\right) =$

kgV (,) = kgV (,) =

$= \frac{\quad-\quad}{\qquad} \cdot \frac{\quad+\quad}{\qquad} = \frac{\quad}{\quad} \cdot \frac{\quad}{\quad} = \frac{\quad}{\quad}$

ggT (,) =

754. $\left(\frac{5}{6} - 1\frac{9}{10}\right) \cdot \left(1\frac{1}{5} - 5\frac{2}{3}\right) =$

$= \left(\frac{\quad}{\quad} - \frac{\quad\cdot\quad+\quad}{\qquad}\right) \cdot \left(\frac{\quad\cdot\quad+\quad}{\qquad} - \frac{\quad\cdot\quad+\quad}{\qquad}\right) =$

kgV (,) = kgV (,) =

$= \frac{\quad-\quad}{\qquad} \cdot \frac{\quad-\quad}{\qquad} = \frac{\quad}{\quad} \cdot \frac{\quad}{\quad} = \frac{\quad}{\quad} = \qquad \frac{\quad}{\quad}$

ggT (,) =

755. $\left(1\frac{2}{5} + 1\frac{7}{8}\right) \div \left(1\frac{1}{10} - 1\frac{4}{5}\right) =$

$= \left(\frac{\quad\cdot\quad+\quad}{\qquad} + \frac{\quad\cdot\quad+\quad}{\qquad}\right) \div \left(\frac{\quad\cdot\quad+\quad}{\qquad} - \frac{\quad\cdot\quad+\quad}{\qquad}\right) =$

kgV (,) = kgV (,) =

$= \frac{\quad+\quad}{\qquad} \div \frac{\quad-\quad}{\qquad} = \frac{\quad}{\quad} \cdot \frac{\quad}{\quad} = \frac{\quad}{\quad} = \qquad \frac{\quad}{\quad}$

ggT (,) =

756. $\left(1\frac{4}{10} - 1\frac{1}{5}\right) \div \left(1\frac{1}{3} - 1\frac{1}{9}\right) =$

$= \left(\frac{\quad\cdot\quad+\quad}{\qquad} - \frac{\quad\cdot\quad+\quad}{\qquad}\right) \div \left(\frac{\quad\cdot\quad+\quad}{\qquad} - \frac{\quad\cdot\quad+\quad}{\qquad}\right) =$

kgV$(\quad,\quad) =$ kgV$(\quad,\quad) =$

$= \frac{\quad-\quad}{\qquad} \div \frac{\quad-\quad}{\qquad} = \frac{\quad}{\quad} \cdot \frac{\quad}{\quad} = \frac{\quad}{\quad}$

ggT$(\quad,\quad) =$

757. $\left(1\frac{2}{10} + 1\frac{1}{8}\right) \cdot \left(1\frac{1}{4} + 4\frac{3}{4}\right) =$

$= \left(\frac{\quad\cdot\quad+\quad}{\qquad} + \frac{\quad\cdot\quad+\quad}{\qquad}\right) \cdot \left(\frac{\quad\cdot\quad+\quad}{\qquad} + \frac{\quad\cdot\quad+\quad}{\qquad}\right) =$

kgV$(\quad,\quad) =$ kgV$(\quad,\quad) =$

$= \frac{\quad+\quad}{\qquad} \cdot \frac{\quad+\quad}{\qquad} = \frac{\quad}{\quad} \cdot \frac{\quad}{\quad} = \frac{\quad}{\quad} = \quad \frac{\quad}{\quad}$

ggT$(\quad,\quad) =$

758. $\left(\frac{2}{7} - 1\frac{1}{6}\right) \cdot \left(1\frac{1}{9} + 1\frac{5}{9}\right) =$

$= \left(\frac{\quad}{\quad} - \frac{\quad\cdot\quad+\quad}{\qquad}\right) \cdot \left(\frac{\quad\cdot\quad+\quad}{\qquad} + \frac{\quad\cdot\quad+\quad}{\qquad}\right) =$

kgV$(\quad,\quad) =$ kgV$(\quad,\quad) =$

$= \frac{\quad-\quad}{\qquad} \cdot \frac{\quad+\quad}{\qquad} = \frac{\quad}{\quad} \cdot \frac{\quad}{\quad} = \frac{\quad}{\quad} = \quad \frac{\quad}{\quad}$

ggT$(\quad,\quad) =$

759. $\left(1\frac{1}{6} - 2\frac{2}{4}\right) \cdot \left(2\frac{1}{2} - 2\frac{2}{5}\right) =$

$= \left(\frac{\quad\cdot\quad+\quad}{\qquad} - \frac{\quad\cdot\quad+\quad}{\qquad}\right) \cdot \left(\frac{\quad\cdot\quad+\quad}{\qquad} - \frac{\quad\cdot\quad+\quad}{\qquad}\right) =$

kgV$(\quad,\quad) =$ kgV$(\quad,\quad) =$

$= \frac{\quad-\quad}{\qquad} \cdot \frac{\quad-\quad}{\qquad} = \frac{\quad}{\quad} \cdot \frac{\quad}{\quad} = \frac{\quad}{\quad}$

ggT$(\quad,\quad) =$

760. $\left(1\frac{3}{6} - 7\frac{1}{2}\right) \div \left(1\frac{7}{8} + 1\frac{1}{2}\right) =$

$= \left(\frac{\quad\cdot\quad+\quad}{\qquad} - \frac{\quad\cdot\quad+\quad}{\qquad}\right) \div \left(\frac{\quad\cdot\quad+\quad}{\qquad} + \frac{\quad\cdot\quad+\quad}{\qquad}\right) =$

kgV$(\quad,\quad) =$ kgV$(\quad,\quad) =$

$= \frac{\quad-\quad}{\qquad} \div \frac{\quad+\quad}{\qquad} = \frac{\quad}{\quad} \cdot \frac{\quad}{\quad} = \frac{\quad}{\quad} = \quad \frac{\quad}{\quad}$

ggT$(\quad,\quad) =$

761. $\left(5\frac{1}{3} + 1\frac{7}{9}\right) \div \left(1\frac{1}{2} + 2\frac{2}{3}\right) =$

$= \left(\frac{\quad\cdot\quad+\quad}{\qquad} + \frac{\quad\cdot\quad+\quad}{\qquad}\right) \div \left(\frac{\quad\cdot\quad+\quad}{\qquad} + \frac{\quad\cdot\quad+\quad}{\qquad}\right) =$

kgV$(\quad,\quad) =$ kgV$(\quad,\quad) =$

$= \frac{\quad+\quad}{\qquad} \div \frac{\quad+\quad}{\qquad} = \frac{\quad}{\quad} \cdot \frac{\quad}{\quad} = \frac{\quad}{\quad} = \quad \frac{\quad}{\quad}$

ggT$(\quad,\quad) =$

Danksagung

Ich möchte mich herzlichst bei meinem Vater für die Bereitstellung der Materialien bedanken, die die Grundlage des Buches bilden und die auf seiner langjährigen Tätigkeit als Mathematiklehrer beruhen.

Patricia danke ich für die Übersetzung und moralische Unterstützung :)

Des weiteren möchte ich all jenen danken, die dieses Buch unterstützt haben und hoffentlich weitere Projekte unterstützen werden.

Appendix

Lösungen

1. Darstellung von Brüchen

Die Teilung wird durch Brüche ausgedrückt

1. $2 \div 2 = \frac{\boxed{2}}{\boxed{2}}$

2. $6 \div 19 = \frac{\boxed{6}}{\boxed{19}}$

3. $26 \div 41 = \frac{\boxed{26}}{\boxed{41}}$

4. $11 \div 13 = \frac{\boxed{11}}{\boxed{13}}$

5. $3 \div 10 = \frac{\boxed{3}}{\boxed{10}}$

6. $5 \div 7 = \frac{\boxed{5}}{\boxed{7}}$

7. $42 \div 43 = \frac{\boxed{42}}{\boxed{43}}$

8. $11 \div 16 = \frac{\boxed{11}}{\boxed{16}}$

9. $12 \div 12 = \frac{\boxed{12}}{\boxed{12}}$

10. $16 \div 31 = \frac{\boxed{16}}{\boxed{31}}$

11. $3 \div 3 = \frac{\boxed{3}}{\boxed{3}}$

12. $8 \div 38 = \frac{\boxed{8}}{\boxed{38}}$

13. $31 \div 31 = \frac{\boxed{31}}{\boxed{31}}$

14. $4 \div 42 = \frac{\boxed{4}}{\boxed{42}}$

15. $23 \div 23 = \frac{\boxed{23}}{\boxed{23}}$

16. $2 \div 2 = \frac{\boxed{2}}{\boxed{2}}$

Brüche werden durch Teilung ausgedrückt

17. $\frac{8}{9} = \boxed{8} \div \boxed{9}$

18. $\frac{4}{17} = \boxed{4} \div \boxed{17}$

19. $\frac{45}{50} = \boxed{45} \div \boxed{50}$

20. $\frac{10}{15} = \boxed{10} \div \boxed{15}$

21. $\frac{5}{35} = \boxed{5} \div \boxed{35}$

22. $\frac{8}{8} = \boxed{8} \div \boxed{8}$

23. $\frac{36}{40} = \boxed{36} \div \boxed{40}$

24. $\frac{9}{9} = \boxed{9} \div \boxed{9}$

25. $\frac{16}{21} = \boxed{16} \div \boxed{21}$

26. $\frac{10}{12} = \boxed{10} \div \boxed{12}$

27. $\frac{10}{16} = \boxed{10} \div \boxed{16}$

28. $\frac{4}{23} = \boxed{4} \div \boxed{23}$

29. $\frac{11}{13} = \boxed{11} \div \boxed{13}$

30. $\frac{34}{34} = \boxed{34} \div \boxed{34}$

31. $\frac{7}{11} = \boxed{7} \div \boxed{11}$

32. $\frac{28}{32} = \boxed{28} \div \boxed{32}$

33. $\frac{2}{3} = \boxed{2} \div \boxed{3}$

34. $\frac{2}{9} = \boxed{2} \div \boxed{9}$

35. $\frac{16}{19} = \boxed{16} \div \boxed{19}$

36. $\frac{28}{29} = \boxed{28} \div \boxed{29}$

37. $\frac{5}{5} = \boxed{5} \div \boxed{5}$

38. $\frac{4}{15} = \boxed{4} \div \boxed{15}$

Entscheide, ob es sich um einen echten oder unechten Bruch handelt

39. $\frac{29}{5}$ ist ☐ echt ☑ unecht

40. $\frac{6}{18}$ ist ☑ echt ☐ unecht

41. $\frac{6}{15}$ ist ☑ echt ☐ unecht

42. $\frac{2}{15}$ ist ☑ echt ☐ unecht

43. $\frac{31}{35}$ ist ☑ echt ☐ unecht

44. $\frac{9}{14}$ ist ☑ echt ☐ unecht

45. $\frac{35}{36}$ ist ☑ echt ☐ unecht

46. $\frac{17}{39}$ ist ☑ echt ☐ unecht

47. $\frac{38}{40}$ ist ☑ echt ☐ unecht

48. $\frac{32}{48}$ ist ☑ echt ☐ unecht

49. $\frac{49}{4}$ ist ☐ echt ☑ unecht

50. $\frac{31}{22}$ ist ☐ echt ☑ unecht

51. $\frac{39}{23}$ ist ☐ echt ☑ unecht

52. $\frac{45}{8}$ ist ☐ echt ☑ unecht

53. $\frac{49}{36}$ ist ☐ echt ☑ unecht

54. $\frac{44}{36}$ ist ☐ echt ☑ unecht

55. $\frac{4}{35}$ ist ☑ echt ☐ unecht

56. $\frac{33}{12}$ ist ☐ echt ☑ unecht

57. $\frac{49}{30}$ ist ☐ echt ☑ unecht

58. $\frac{14}{41}$ ist ☑ echt ☐ unecht

59. $\frac{41}{29}$ ist ☐ echt ☑ unecht

60. $\frac{33}{37}$ ist ☑ echt ☐ unecht

2. Gegenzahl

Bestimme die Gegenzahl zu

61. $10\frac{11}{15}$ $-10\frac{11}{15}$

62. $2\frac{1}{10}$ $-2\frac{1}{10}$

63. $-18\frac{2}{5}$ $18\frac{2}{5}$

64. $3\frac{16}{18}$ $-3\frac{16}{18}$

65. $-7\frac{4}{5}$ $7\frac{4}{5}$

66. $8\frac{10}{16}$ $-8\frac{10}{16}$

67. -4 4

68. $-15\frac{5}{13}$ $15\frac{5}{13}$

69. $-10\frac{7}{19}$ $10\frac{7}{19}$

70. $-18\frac{12}{14}$ $18\frac{12}{14}$

71. $3\frac{11}{13}$ $-3\frac{11}{13}$

72. $13\frac{1}{2}$ $-13\frac{1}{2}$

73. $-20\frac{5}{9}$ $20\frac{5}{9}$

74. $20\frac{9}{17}$ $-20\frac{9}{17}$

75. $9\frac{14}{19}$ $-9\frac{14}{19}$

76. $-3\frac{2}{15}$ $3\frac{2}{15}$

77. $-17\frac{6}{11}$ $17\frac{6}{11}$

78. $-6\frac{8}{14}$ $6\frac{8}{14}$

3. Kehrwert

Bestimme den Kehrwert zu

79. 3 $\frac{1}{3}$

80. 6 $\frac{1}{6}$

81. 14 $\frac{1}{14}$

82. 15 $\frac{1}{15}$

83. 13 $\frac{1}{13}$

84. $\frac{11}{19}$ $\frac{19}{11}$

85. $\frac{7}{8}$ $\frac{\boxed{8}}{\boxed{7}}$

86. 17 $\frac{\boxed{1}}{\boxed{17}}$

87. 19 $\frac{\boxed{1}}{\boxed{19}}$

88. 2 $\frac{\boxed{1}}{\boxed{2}}$

89. 12 $\frac{\boxed{1}}{\boxed{12}}$

90. 4 $\frac{\boxed{1}}{\boxed{4}}$

91. 8 $\frac{\boxed{1}}{\boxed{8}}$

92. $\frac{17}{2}$ $\frac{\boxed{2}}{\boxed{17}}$

93. $\frac{18}{12}$ $\frac{\boxed{12}}{\boxed{18}}$

94. 2 $\frac{\boxed{1}}{\boxed{2}}$

95. $\frac{11}{11}$ $\frac{\boxed{11}}{\boxed{11}}$

96. $\frac{7}{7}$ $\frac{\boxed{7}}{\boxed{7}}$

4. Gemischte Zahlen

Wandle die gemischte Zahl in einen unechten Bruch um

97. $2\frac{5}{10} = \frac{\boxed{2}\cdot\boxed{10}+\boxed{5}}{\boxed{10}} = \frac{\boxed{25}}{\boxed{10}}$

98. $4\frac{3}{5} = \frac{\boxed{4}\cdot\boxed{5}+\boxed{3}}{\boxed{5}} = \frac{\boxed{23}}{\boxed{5}}$

99. $4\frac{1}{2} = \frac{\boxed{4}\cdot\boxed{2}+\boxed{1}}{\boxed{2}} = \frac{\boxed{9}}{\boxed{2}}$

100. $2\frac{9}{10} = \frac{\boxed{2}\cdot\boxed{10}+\boxed{9}}{\boxed{10}} = \frac{\boxed{29}}{\boxed{10}}$

101. $8\frac{2}{3} = \frac{\boxed{8}\cdot\boxed{3}+\boxed{2}}{\boxed{3}} = \frac{\boxed{26}}{\boxed{3}}$

102. $9\frac{2}{6} = \frac{\boxed{9}\cdot\boxed{6}+\boxed{2}}{\boxed{6}} = \frac{\boxed{56}}{\boxed{6}}$

103. $6\frac{8}{9} = \frac{\boxed{6}\cdot\boxed{9}+\boxed{8}}{\boxed{9}} = \frac{\boxed{62}}{\boxed{9}}$

104. $4\frac{2}{5} = \frac{\boxed{4}\cdot\boxed{5}+\boxed{2}}{\boxed{5}} = \frac{\boxed{22}}{\boxed{5}}$

105. $7\frac{2}{7} = \frac{\boxed{7}\cdot\boxed{7}+\boxed{2}}{\boxed{7}} = \frac{\boxed{51}}{\boxed{7}}$

106. $3\frac{1}{2} = \frac{\boxed{3}\cdot\boxed{2}+\boxed{1}}{\boxed{2}} = \frac{\boxed{7}}{\boxed{2}}$

107. $7\frac{2}{4} = \frac{\boxed{7}\cdot\boxed{4}+\boxed{2}}{\boxed{4}} = \frac{\boxed{30}}{\boxed{4}}$

108. $5\frac{6}{7} = \frac{\boxed{5}\cdot\boxed{7}+\boxed{6}}{\boxed{7}} = \frac{\boxed{41}}{\boxed{7}}$

109. $10\frac{2}{4} = \frac{\boxed{10}\cdot\boxed{4}+\boxed{2}}{\boxed{4}} = \frac{\boxed{42}}{\boxed{4}}$

110. $2\frac{4}{10} = \frac{\boxed{2}\cdot\boxed{10}+\boxed{4}}{\boxed{10}} = \frac{\boxed{24}}{\boxed{10}}$

111. $2\frac{7}{9} = \frac{\boxed{2}\cdot\boxed{9}+\boxed{7}}{\boxed{9}} = \frac{\boxed{25}}{\boxed{9}}$

112. $10\frac{3}{7} = \frac{\boxed{10}\cdot\boxed{7}+\boxed{3}}{\boxed{7}} = \frac{\boxed{73}}{\boxed{7}}$

Wandle die gemischte Zahl in eine ganze Zahl und einen Bruch um

113. $-3\frac{1}{2} = -\boxed{3} - \frac{\boxed{1}}{\boxed{2}}$

114. $-4\frac{5}{10} = -\boxed{4} - \frac{\boxed{5}}{\boxed{10}}$

115. $-6\frac{2}{8} = -\boxed{6} - \frac{\boxed{2}}{\boxed{8}}$

116. $6\frac{2}{2} = \boxed{6} + \frac{\boxed{2}}{\boxed{2}}$

117. $-4\frac{3}{4} = -\boxed{4} - \frac{\boxed{3}}{\boxed{4}}$

118. $6\frac{6}{7} = \boxed{6} + \frac{\boxed{6}}{\boxed{7}}$

119. $-3\frac{9}{10} = -\boxed{3} - \frac{\boxed{9}}{\boxed{10}}$

120. $-5\frac{6}{9} = -\boxed{5} - \frac{\boxed{6}}{\boxed{9}}$

121. $10\frac{2}{2} = \boxed{10} + \frac{\boxed{2}}{\boxed{2}}$

122. $5\frac{2}{8} = \boxed{5} + \frac{\boxed{2}}{\boxed{8}}$

123. $2\frac{4}{8} = \boxed{2} + \frac{\boxed{4}}{\boxed{8}}$

124. $-10\frac{5}{8} = -\boxed{10} - \frac{\boxed{5}}{\boxed{8}}$

125. $-10\frac{4}{7} = -\boxed{10} - \frac{\boxed{4}}{\boxed{7}}$

126. $5\frac{5}{9} = \boxed{5} + \frac{\boxed{5}}{\boxed{9}}$

127. $-5\frac{3}{5} = -\boxed{5} - \frac{\boxed{3}}{\boxed{5}}$

128. $10\frac{4}{7} = \boxed{10} + \frac{\boxed{4}}{\boxed{7}}$

Wandle den unechten Bruch in eine gemischte Zahl um

129. $\frac{34}{10} = \boxed{34} \div \boxed{10} = \boxed{3}\frac{\boxed{4}}{\boxed{10}}$

130. $\frac{15}{2} = \boxed{15} \div \boxed{2} = \boxed{7}\frac{\boxed{1}}{\boxed{2}}$

131. $\frac{25}{7} = \boxed{25} \div \boxed{7} = \boxed{3}\frac{\boxed{4}}{\boxed{7}}$

132. $\frac{38}{6} = \boxed{38} \div \boxed{6} = \boxed{6}\frac{\boxed{2}}{\boxed{6}}$

133. $\frac{36}{8} = \boxed{36} \div \boxed{8} = \boxed{4}\frac{\boxed{4}}{\boxed{8}}$

134. $\frac{50}{5} = \boxed{50} \div \boxed{5} = \boxed{10}$

135. $\frac{17}{10} = \boxed{17} \div \boxed{10} = \boxed{1}\frac{\boxed{7}}{\boxed{10}}$

136. $\frac{21}{10} = \boxed{21} \div \boxed{10} = \boxed{2}\frac{\boxed{1}}{\boxed{10}}$

137. $\frac{26}{6} = \boxed{26} \div \boxed{6} = \boxed{4}\frac{\boxed{2}}{\boxed{6}}$

138. $\frac{31}{10} = \boxed{31} \div \boxed{10} = \boxed{3}\frac{\boxed{1}}{\boxed{10}}$

139. $\frac{44}{2} = \boxed{44} \div \boxed{2} = \boxed{22}$

140. $\frac{50}{10} = \boxed{50} \div \boxed{10} = \boxed{5}$

141. $\frac{19}{5} = \boxed{19} \div \boxed{5} = \boxed{3}\frac{\boxed{4}}{\boxed{5}}$

142. $\frac{9}{8} = \boxed{9} \div \boxed{8} = \boxed{1}\frac{\boxed{1}}{\boxed{8}}$

143. $\frac{9}{7} = \boxed{9} \div \boxed{7} = \boxed{1}\frac{\boxed{2}}{\boxed{7}}$

144. $\frac{43}{3} = \boxed{43} \div \boxed{3} = \boxed{14}\frac{\boxed{1}}{\boxed{3}}$

145. $\frac{28}{7} = \boxed{28} \div \boxed{7} = \boxed{4}$

146. $\frac{10}{3} = \boxed{10} \div \boxed{3} = \boxed{3}\frac{\boxed{1}}{\boxed{3}}$

147. $\frac{25}{3} = \boxed{25} \div \boxed{3} = \boxed{8}\frac{\boxed{1}}{\boxed{3}}$

148. $\frac{50}{3} = \boxed{50} \div \boxed{3} = \boxed{16}\frac{\boxed{2}}{\boxed{3}}$

5. Darstellung des Bruches in Dezimalzahlen

Drücke den Bruch in Dezimalzahlen aus und runde auf Hundertstel

149. $\frac{12}{9} = \boxed{12} \div \boxed{9} = \boxed{1.33}$

150. $\frac{42}{4} = \boxed{42} \div \boxed{4} = \boxed{10.5}$

151. $\frac{18}{8} = \boxed{18} \div \boxed{8} = \boxed{2.25}$

152. $\frac{49}{10} = \boxed{49} \div \boxed{10} = \boxed{4.9}$

153. $\frac{12}{3} = \boxed{12} \div \boxed{3} = \boxed{4}$

154. $\frac{23}{4} = \boxed{23} \div \boxed{4} = \boxed{5.75}$

155. $\frac{42}{3} = \boxed{42} \div \boxed{3} = \boxed{14}$

156. $\frac{48}{7} = \boxed{48} \div \boxed{7} = \boxed{6.86}$

157. $\frac{25}{8} = \boxed{25} \div \boxed{8} = \boxed{3.13}$

158. $\frac{38}{5} = \boxed{38} \div \boxed{5} = \boxed{7.6}$

159. $\frac{27}{8} = \boxed{27} \div \boxed{8} = \boxed{3.38}$

160. $\frac{31}{8} = \boxed{31} \div \boxed{8} = \boxed{3.88}$

161. $\frac{14}{8} = \boxed{14} \div \boxed{8} = \boxed{1.75}$

162. $\frac{31}{5} = \boxed{31} \div \boxed{5} = \boxed{6.2}$

163. $\frac{13}{9} = \boxed{13} \div \boxed{9} = \boxed{1.44}$

164. $\frac{48}{8} = \boxed{48} \div \boxed{8} = \boxed{6}$

165. $\frac{48}{7} = \boxed{48} \div \boxed{7} = \boxed{6.86}$

166. $\frac{30}{9} = \boxed{30} \div \boxed{9} = \boxed{3.33}$

167. $\frac{15}{9} = \boxed{15} \div \boxed{9} = \boxed{1.67}$

168. $\frac{45}{2} = \boxed{45} \div \boxed{2} = \boxed{22.5}$

169. $\frac{24}{3} = \boxed{24} \div \boxed{3} = \boxed{8}$

170. $\frac{50}{2} = \boxed{50} \div \boxed{2} = \boxed{25}$

Drücke die gemischten Zahlen in Dezimalzahlen aus und runde auf Hundertstel

171. $10\frac{19}{27} = \boxed{10} + \boxed{19} \div \boxed{27} = \boxed{10.7}$

172. $2\frac{22}{24} = \boxed{2} + \boxed{22} \div \boxed{24} = \boxed{2.92}$

173. $7\frac{35}{44} = \boxed{7} + \boxed{35} \div \boxed{44} = \boxed{7.8}$

174. $8\frac{20}{46} = \boxed{8} + \boxed{20} \div \boxed{46} = \boxed{8.43}$

175. $5\frac{10}{36} = \boxed{5} + \boxed{10} \div \boxed{36} = \boxed{5.28}$

176. $3\frac{24}{49} = \boxed{3} + \boxed{24} \div \boxed{49} = \boxed{3.49}$

177. $3\frac{12}{26} = \boxed{3} + \boxed{12} \div \boxed{26} = \boxed{3.46}$

178. $2\frac{8}{34} = \boxed{2} + \boxed{8} \div \boxed{34} = \boxed{2.24}$

179. $9\frac{15}{39} = \boxed{9} + \boxed{15} \div \boxed{39} = \boxed{9.38}$

180. $4\frac{12}{39} = \boxed{4} + \boxed{12} \div \boxed{39} = \boxed{4.31}$

181. $4\frac{12}{19} = \boxed{4} + \boxed{12} \div \boxed{19} = \boxed{4.63}$

182. $8\frac{21}{44} = \boxed{8} + \boxed{21} \div \boxed{44} = \boxed{8.48}$

183. $3\frac{17}{17} = \boxed{3} + \boxed{17} \div \boxed{17} = \boxed{4}$

184. $4\frac{28}{40} = \boxed{4} + \boxed{28} \div \boxed{40} = \boxed{4.7}$

185. $6\frac{3}{32} = \boxed{6} + \boxed{3} \div \boxed{32} = \boxed{6.09}$

186. $5\frac{22}{22} = \boxed{5} + \boxed{22} \div \boxed{22} = \boxed{6}$

187. $7\frac{11}{29} = \boxed{7} + \boxed{11} \div \boxed{29} = \boxed{7.38}$

188. $9\frac{5}{27} = \boxed{9} + \boxed{5} \div \boxed{27} = \boxed{9.19}$

189. $2\frac{24}{33} = \boxed{2} + \boxed{24} \div \boxed{33} = \boxed{2.73}$

190. $3\frac{25}{33} = \boxed{3} + \boxed{25} \div \boxed{33} = \boxed{3.76}$

191. $9\frac{19}{46} = \boxed{9} + \boxed{19} \div \boxed{46} = \boxed{9.41}$

192. $5\frac{19}{39} = \boxed{5} + \boxed{19} \div \boxed{39} = \boxed{5.49}$

6. Erweiterung von Brüchen

Erweitere die Brüche

193. $\frac{5}{11}$ erweitere um zwei $\frac{\boxed{5}\cdot\boxed{2}}{\boxed{11}\cdot\boxed{2}} = \frac{\boxed{10}}{\boxed{22}}$

194. $\frac{2}{3}$ erweitere um drei $\frac{\boxed{2}\cdot\boxed{3}}{\boxed{3}\cdot\boxed{3}} = \frac{\boxed{6}}{\boxed{9}}$

195. $\frac{2}{2}$ erweitere um drei $\frac{\boxed{2}\cdot\boxed{3}}{\boxed{2}\cdot\boxed{3}} = \frac{\boxed{6}}{\boxed{6}}$

196. $\frac{6}{6}$ erweitere um vier $\frac{\boxed{6}\cdot\boxed{4}}{\boxed{6}\cdot\boxed{4}} = \frac{\boxed{24}}{\boxed{24}}$

197. $\frac{2}{4}$ erweitere um drei $\frac{\boxed{2}\cdot\boxed{3}}{\boxed{4}\cdot\boxed{3}} = \frac{\boxed{6}}{\boxed{12}}$

198. $\frac{14}{17}$ erweitere um fünf $\frac{\boxed{14}\cdot\boxed{5}}{\boxed{17}\cdot\boxed{5}} = \frac{\boxed{70}}{\boxed{85}}$

199. $\frac{3}{10}$ erweitere um vier $\frac{\boxed{3}\cdot\boxed{4}}{\boxed{10}\cdot\boxed{4}} = \frac{\boxed{12}}{\boxed{40}}$

200. $\frac{8}{15}$ erweitere um zwei $\frac{\boxed{8}\cdot\boxed{2}}{\boxed{15}\cdot\boxed{2}} = \frac{\boxed{16}}{\boxed{30}}$

201. $\frac{3}{10}$ erweitere um fünf $\frac{\boxed{3}\cdot\boxed{5}}{\boxed{10}\cdot\boxed{5}} = \frac{\boxed{15}}{\boxed{50}}$

202. $\frac{2}{2}$ erweitere um zwei $\frac{\boxed{2}\cdot\boxed{2}}{\boxed{2}\cdot\boxed{2}} = \frac{\boxed{4}}{\boxed{4}}$

203. $\frac{12}{17}$ erweitere um fünf $\frac{\boxed{12}\cdot\boxed{5}}{\boxed{17}\cdot\boxed{5}} = \frac{\boxed{60}}{\boxed{85}}$

204. $\frac{4}{10}$ erweitere um vier $\frac{\boxed{4}\cdot\boxed{4}}{\boxed{10}\cdot\boxed{4}} = \frac{\boxed{16}}{\boxed{40}}$

205. $\frac{8}{19}$ erweitere um drei $\frac{\boxed{8}\cdot\boxed{3}}{\boxed{19}\cdot\boxed{3}} = \frac{\boxed{24}}{\boxed{57}}$

206. $\frac{2}{4}$ erweitere um drei $\frac{\boxed{2}\cdot\boxed{3}}{\boxed{4}\cdot\boxed{3}} = \frac{\boxed{6}}{\boxed{12}}$

207. $\frac{7}{15}$ erweitere um zwei $\frac{\boxed{7}\cdot\boxed{2}}{\boxed{15}\cdot\boxed{2}} = \frac{\boxed{14}}{\boxed{30}}$

208. $\frac{7}{7}$ erweitere um zwei $\frac{\boxed{7}\cdot\boxed{2}}{\boxed{7}\cdot\boxed{2}} = \frac{\boxed{14}}{\boxed{14}}$

209. $\frac{12}{16}$ erweitere um zwei $\frac{\boxed{12}\cdot\boxed{2}}{\boxed{16}\cdot\boxed{2}} = \frac{\boxed{24}}{\boxed{32}}$

210. $\frac{5}{12}$ erweitere um zwei $\frac{\boxed{5}\cdot\boxed{2}}{\boxed{12}\cdot\boxed{2}} = \frac{\boxed{10}}{\boxed{24}}$

211. $\frac{3}{20}$ erweitere um zwei $\frac{\boxed{3}\cdot\boxed{2}}{\boxed{20}\cdot\boxed{2}} = \frac{\boxed{6}}{\boxed{40}}$

212. $\frac{3}{4}$ erweitere um fünf $\frac{\boxed{3}\cdot\boxed{5}}{\boxed{4}\cdot\boxed{5}} = \frac{\boxed{15}}{\boxed{20}}$

7. Kürzung von Brüchen

Kürze die Brüche

213. $$\frac{252}{280} = \frac{\boxed{252}\div\boxed{2}}{\boxed{280}\div\boxed{2}} = \frac{\boxed{126}\div\boxed{2}}{\boxed{140}\div\boxed{2}} = \frac{\boxed{63}\div\boxed{7}}{\boxed{70}\div\boxed{7}} = \frac{\boxed{9}}{\boxed{10}}$$

$$\text{ggT}\left(\boxed{252},\boxed{280}\right) = \boxed{2}\cdot\boxed{2}\cdot\boxed{7}$$

214. $$\frac{20}{100} = \frac{\boxed{20}\div\boxed{2}}{\boxed{100}\div\boxed{2}} = \frac{\boxed{10}\div\boxed{2}}{\boxed{50}\div\boxed{2}} = \frac{\boxed{5}\div\boxed{5}}{\boxed{25}\div\boxed{5}} = \frac{\boxed{1}}{\boxed{5}}$$

$$\text{ggT}\left(\boxed{20},\boxed{100}\right) = \boxed{2}\cdot\boxed{2}\cdot\boxed{5}$$

215. $$\frac{12}{60} = \frac{\boxed{12}\div\boxed{2}}{\boxed{60}\div\boxed{2}} = \frac{\boxed{6}\div\boxed{2}}{\boxed{30}\div\boxed{2}} = \frac{\boxed{3}\div\boxed{3}}{\boxed{15}\div\boxed{3}} = \frac{\boxed{1}}{\boxed{5}}$$

$$\text{ggT}\left(\boxed{12},\boxed{60}\right) = \boxed{2}\cdot\boxed{2}\cdot\boxed{3}$$

216. $$\frac{252}{280} = \frac{\boxed{252}\div\boxed{2}}{\boxed{280}\div\boxed{2}} = \frac{\boxed{126}\div\boxed{2}}{\boxed{140}\div\boxed{2}} = \frac{\boxed{63}\div\boxed{7}}{\boxed{70}\div\boxed{7}} = \frac{\boxed{9}}{\boxed{10}}$$

$$\text{ggT}\left(\boxed{252},\boxed{280}\right) = \boxed{2}\cdot\boxed{2}\cdot\boxed{7}$$

217. $$\frac{84}{210} = \frac{\boxed{84}\div\boxed{2}}{\boxed{210}\div\boxed{2}} = \frac{\boxed{42}\div\boxed{3}}{\boxed{105}\div\boxed{3}} = \frac{\boxed{14}\div\boxed{7}}{\boxed{35}\div\boxed{7}} = \frac{\boxed{2}}{\boxed{5}}$$

$$\text{ggT}\left(\boxed{84},\boxed{210}\right) = \boxed{2}\cdot\boxed{3}\cdot\boxed{7}$$

218. $$\frac{10}{20} = \frac{\boxed{10} \div \boxed{2}}{\boxed{20} \div \boxed{2}} = \frac{\boxed{5} \div \boxed{5}}{\boxed{10} \div \boxed{5}} = \frac{\boxed{1}}{\boxed{2}}$$

$$\text{ggT}\left(\boxed{10}, \boxed{20}\right) = \boxed{2} \cdot \boxed{5}$$

219. $$\frac{60}{150} = \frac{\boxed{60} \div \boxed{2}}{\boxed{150} \div \boxed{2}} = \frac{\boxed{30} \div \boxed{3}}{\boxed{75} \div \boxed{3}} = \frac{\boxed{10} \div \boxed{5}}{\boxed{25} \div \boxed{5}} = \frac{\boxed{2}}{\boxed{5}}$$

$$\text{ggT}\left(\boxed{60}, \boxed{150}\right) = \boxed{2} \cdot \boxed{3} \cdot \boxed{5}$$

220. $$\frac{84}{120} = \frac{\boxed{84} \div \boxed{2}}{\boxed{120} \div \boxed{2}} = \frac{\boxed{42} \div \boxed{2}}{\boxed{60} \div \boxed{2}} = \frac{\boxed{21} \div \boxed{3}}{\boxed{30} \div \boxed{3}} = \frac{\boxed{7}}{\boxed{10}}$$

$$\text{ggT}\left(\boxed{84}, \boxed{120}\right) = \boxed{2} \cdot \boxed{2} \cdot \boxed{3}$$

221. $$\frac{15}{25} = \frac{\boxed{15} \div \boxed{5}}{\boxed{25} \div \boxed{5}} = \frac{\boxed{3}}{\boxed{5}}$$

$$\text{ggT}\left(\boxed{15}, \boxed{25}\right) = \boxed{5}$$

222. $$\frac{28}{35} = \frac{\boxed{28} \div \boxed{7}}{\boxed{35} \div \boxed{7}} = \frac{\boxed{4}}{\boxed{5}}$$

$$\text{ggT}\left(\boxed{28}, \boxed{35}\right) = \boxed{7}$$

223. $$\frac{108}{120} = \frac{\boxed{108} \div \boxed{2}}{\boxed{120} \div \boxed{2}} = \frac{\boxed{54} \div \boxed{2}}{\boxed{60} \div \boxed{2}} = \frac{\boxed{27} \div \boxed{3}}{\boxed{30} \div \boxed{3}} = \frac{\boxed{9}}{\boxed{10}}$$

$$\text{ggT}\left(\boxed{108}, \boxed{120}\right) = \boxed{2} \cdot \boxed{2} \cdot \boxed{3}$$

224. $$\frac{294}{420} = \frac{\boxed{294} \div \boxed{2}}{\boxed{420} \div \boxed{2}} = \frac{\boxed{147} \div \boxed{3}}{\boxed{210} \div \boxed{3}} = \frac{\boxed{49} \div \boxed{7}}{\boxed{70} \div \boxed{7}} = \frac{\boxed{7}}{\boxed{10}}$$

$$\text{ggT}\left(\boxed{294}, \boxed{420}\right) = \boxed{2} \cdot \boxed{3} \cdot \boxed{7}$$

225. $$\frac{5}{10} = \frac{\boxed{5} \div \boxed{5}}{\boxed{10} \div \boxed{5}} = \frac{\boxed{1}}{\boxed{2}}$$

$$\text{ggT}\left(\boxed{5}, \boxed{10}\right) = \boxed{5}$$

226. $$\frac{84}{120} = \frac{\boxed{84} \div \boxed{2}}{\boxed{120} \div \boxed{2}} = \frac{\boxed{42} \div \boxed{2}}{\boxed{60} \div \boxed{2}} = \frac{\boxed{21} \div \boxed{3}}{\boxed{30} \div \boxed{3}} = \frac{\boxed{7}}{\boxed{10}}$$

$$\text{ggT}\left(\boxed{84}, \boxed{120}\right) = \boxed{2} \cdot \boxed{2} \cdot \boxed{3}$$

227. $$\frac{80}{100} = \frac{\boxed{80} \div \boxed{2}}{\boxed{100} \div \boxed{2}} = \frac{\boxed{40} \div \boxed{2}}{\boxed{50} \div \boxed{2}} = \frac{\boxed{20} \div \boxed{5}}{\boxed{25} \div \boxed{5}} = \frac{\boxed{4}}{\boxed{5}}$$

$$\text{ggT}\left(\boxed{80}, \boxed{100}\right) = \boxed{2} \cdot \boxed{2} \cdot \boxed{5}$$

228. $\frac{21}{30} = \frac{\boxed{21} \div \boxed{3}}{\boxed{30} \div \boxed{3}} = \frac{\boxed{7}}{\boxed{10}}$

$\text{ggT}\left(\boxed{21}, \boxed{30}\right) = \boxed{3}$

229. $\frac{90}{150} = \frac{\boxed{90} \div \boxed{2}}{\boxed{150} \div \boxed{2}} = \frac{\boxed{45} \div \boxed{3}}{\boxed{75} \div \boxed{3}} = \frac{\boxed{15} \div \boxed{5}}{\boxed{25} \div \boxed{5}} = \frac{\boxed{3}}{\boxed{5}}$

$\text{ggT}\left(\boxed{90}, \boxed{150}\right) = \boxed{2} \cdot \boxed{3} \cdot \boxed{5}$

230. $\frac{108}{120} = \frac{\boxed{108} \div \boxed{2}}{\boxed{120} \div \boxed{2}} = \frac{\boxed{54} \div \boxed{2}}{\boxed{60} \div \boxed{2}} = \frac{\boxed{27} \div \boxed{3}}{\boxed{30} \div \boxed{3}} = \frac{\boxed{9}}{\boxed{10}}$

$\text{ggT}\left(\boxed{108}, \boxed{120}\right) = \boxed{2} \cdot \boxed{2} \cdot \boxed{3}$

Kürze die Brüche II

231. $\frac{210}{300}$ $\qquad \frac{210}{300} = \frac{\boxed{210} \div \boxed{30}}{\boxed{300} \div \boxed{30}} = \frac{\boxed{7}}{\boxed{10}}$

$\text{ggT}\left(\boxed{210}, \boxed{300}\right) = \boxed{2} \cdot \boxed{3} \cdot \boxed{5} = \boxed{30}$

232. $\frac{126}{180}$ $\qquad \frac{126}{180} = \frac{\boxed{126} \div \boxed{18}}{\boxed{180} \div \boxed{18}} = \frac{\boxed{7}}{\boxed{10}}$

$\text{ggT}\left(\boxed{126}, \boxed{180}\right) = \boxed{2} \cdot \boxed{3} \cdot \boxed{3} = \boxed{18}$

233. $\frac{9}{18}$ $\qquad \frac{9}{18} = \frac{\boxed{9} \div \boxed{9}}{\boxed{18} \div \boxed{9}} = \frac{\boxed{1}}{\boxed{2}}$

$\text{ggT}\left(\boxed{9}, \boxed{18}\right) = \boxed{3} \cdot \boxed{3} = \boxed{9}$

234. $\frac{27}{90}$ $\qquad \frac{27}{90} = \frac{\boxed{27} \div \boxed{9}}{\boxed{90} \div \boxed{9}} = \frac{\boxed{3}}{\boxed{10}}$

$\text{ggT}\left(\boxed{27}, \boxed{90}\right) = \boxed{3} \cdot \boxed{3} = \boxed{9}$

235. $\frac{252}{280}$ $\qquad \frac{252}{280} = \frac{\boxed{252} \div \boxed{28}}{\boxed{280} \div \boxed{28}} = \frac{\boxed{9}}{\boxed{10}}$

$\text{ggT}\left(\boxed{252}, \boxed{280}\right) = \boxed{2} \cdot \boxed{2} \cdot \boxed{7} = \boxed{28}$

236. $\frac{168}{210}$ $\qquad \frac{168}{210} = \frac{\boxed{168} \div \boxed{42}}{\boxed{210} \div \boxed{42}} = \frac{\boxed{4}}{\boxed{5}}$

$\text{ggT}\left(\boxed{168}, \boxed{210}\right) = \boxed{2} \cdot \boxed{3} \cdot \boxed{7} = \boxed{42}$

237. $\frac{180}{200}$ $\qquad \frac{180}{200} = \frac{\boxed{180} \div \boxed{20}}{\boxed{200} \div \boxed{20}} = \frac{\boxed{9}}{\boxed{10}}$

$\mathrm{ggT}\left(\boxed{180}, \boxed{200}\right) = \boxed{2} \cdot \boxed{2} \cdot \boxed{5} = \boxed{20}$

238. $\frac{27}{90}$ $\qquad \frac{27}{90} = \frac{\boxed{27} \div \boxed{9}}{\boxed{90} \div \boxed{9}} = \frac{\boxed{3}}{\boxed{10}}$

$\mathrm{ggT}\left(\boxed{27}, \boxed{90}\right) = \boxed{3} \cdot \boxed{3} = \boxed{9}$

239. $\frac{135}{150}$ $\qquad \frac{135}{150} = \frac{\boxed{135} \div \boxed{15}}{\boxed{150} \div \boxed{15}} = \frac{\boxed{9}}{\boxed{10}}$

$\mathrm{ggT}\left(\boxed{135}, \boxed{150}\right) = \boxed{3} \cdot \boxed{5} = \boxed{15}$

240. $\frac{10}{50}$ $\qquad \frac{10}{50} = \frac{\boxed{10} \div \boxed{10}}{\boxed{50} \div \boxed{10}} = \frac{\boxed{1}}{\boxed{5}}$

$\mathrm{ggT}\left(\boxed{10}, \boxed{50}\right) = \boxed{2} \cdot \boxed{5} = \boxed{10}$

241. $\frac{12}{24}$ $\qquad \frac{12}{24} = \frac{\boxed{12} \div \boxed{12}}{\boxed{24} \div \boxed{12}} = \frac{\boxed{1}}{\boxed{2}}$

$\mathrm{ggT}\left(\boxed{12}, \boxed{24}\right) = \boxed{2} \cdot \boxed{2} \cdot \boxed{3} = \boxed{12}$

242. $\frac{24}{30}$ $\qquad \frac{24}{30} = \frac{\boxed{24} \div \boxed{6}}{\boxed{30} \div \boxed{6}} = \frac{\boxed{4}}{\boxed{5}}$

$\mathrm{ggT}\left(\boxed{24}, \boxed{30}\right) = \boxed{2} \cdot \boxed{3} = \boxed{6}$

243. $\frac{9}{45}$ $\qquad \frac{9}{45} = \frac{\boxed{9} \div \boxed{9}}{\boxed{45} \div \boxed{9}} = \frac{\boxed{1}}{\boxed{5}}$

$\mathrm{ggT}\left(\boxed{9}, \boxed{45}\right) = \boxed{3} \cdot \boxed{3} = \boxed{9}$

244. $\frac{12}{60}$ $\qquad \frac{12}{60} = \frac{\boxed{12} \div \boxed{12}}{\boxed{60} \div \boxed{12}} = \frac{\boxed{1}}{\boxed{5}}$

$\mathrm{ggT}\left(\boxed{12}, \boxed{60}\right) = \boxed{2} \cdot \boxed{2} \cdot \boxed{3} = \boxed{12}$

245. $\frac{20}{25}$ $\qquad \frac{20}{25} = \frac{\boxed{20} \div \boxed{5}}{\boxed{25} \div \boxed{5}} = \frac{\boxed{4}}{\boxed{5}}$

$\mathrm{ggT}\left(\boxed{20}, \boxed{25}\right) = \boxed{5}$

246. $\frac{30}{60}$ $\quad \frac{30}{60} = \frac{\boxed{30} \div \boxed{30}}{\boxed{60} \div \boxed{30}} = \frac{\boxed{1}}{\boxed{2}}$

$\text{ggT}\left(\boxed{30}, \boxed{60}\right) = \boxed{2} \cdot \boxed{3} \cdot \boxed{5} = \boxed{30}$

247. $\frac{45}{150}$ $\quad \frac{45}{150} = \frac{\boxed{45} \div \boxed{15}}{\boxed{150} \div \boxed{15}} = \frac{\boxed{3}}{\boxed{10}}$

$\text{ggT}\left(\boxed{45}, \boxed{150}\right) = \boxed{3} \cdot \boxed{5} = \boxed{15}$

248. $\frac{270}{300}$ $\quad \frac{270}{300} = \frac{\boxed{270} \div \boxed{30}}{\boxed{300} \div \boxed{30}} = \frac{\boxed{9}}{\boxed{10}}$

$\text{ggT}\left(\boxed{270}, \boxed{300}\right) = \boxed{2} \cdot \boxed{3} \cdot \boxed{5} = \boxed{30}$

8. Gemeinsamer Nenner

Wandle die zwei Brüche in einen gemeinsamen Nenner um

249. $\frac{1}{3}$ und $\frac{1}{4}$ $\quad \frac{\boxed{1} \cdot \boxed{4}}{\boxed{12}} = \frac{\boxed{4}}{\boxed{12}}$ und $\frac{\boxed{1} \cdot \boxed{3}}{\boxed{12}} = \frac{\boxed{3}}{\boxed{12}}$

$\text{kgV}\left(\boxed{3}, \boxed{4}\right) = \boxed{12}$

250. $\frac{2}{3}$ und $\frac{3}{8}$ $\quad \frac{\boxed{2} \cdot \boxed{8}}{\boxed{24}} = \frac{\boxed{16}}{\boxed{24}}$ und $\frac{\boxed{3} \cdot \boxed{3}}{\boxed{24}} = \frac{\boxed{9}}{\boxed{24}}$

$\text{kgV}\left(\boxed{3}, \boxed{8}\right) = \boxed{24}$

251. $\frac{2}{9}$ und $\frac{7}{8}$ $\quad \frac{\boxed{2} \cdot \boxed{8}}{\boxed{72}} = \frac{\boxed{16}}{\boxed{72}}$ und $\frac{\boxed{7} \cdot \boxed{9}}{\boxed{72}} = \frac{\boxed{63}}{\boxed{72}}$

$\text{kgV}\left(\boxed{9}, \boxed{8}\right) = \boxed{72}$

252. $\frac{2}{9}$ und $\frac{1}{8}$ $\quad \frac{\boxed{2} \cdot \boxed{8}}{\boxed{72}} = \frac{\boxed{16}}{\boxed{72}}$ und $\frac{\boxed{1} \cdot \boxed{9}}{\boxed{72}} = \frac{\boxed{9}}{\boxed{72}}$

$\text{kgV}\left(\boxed{9}, \boxed{8}\right) = \boxed{72}$

253. $\frac{1}{3}$ und $\frac{1}{2}$ $\quad \frac{\boxed{1} \cdot \boxed{2}}{\boxed{6}} = \frac{\boxed{2}}{\boxed{6}}$ und $\frac{\boxed{1} \cdot \boxed{3}}{\boxed{6}} = \frac{\boxed{3}}{\boxed{6}}$

$\text{kgV}\left(\boxed{3}, \boxed{2}\right) = \boxed{6}$

254. $\frac{7}{9}$ und $\frac{1}{8}$ $\quad \frac{\boxed{7}\cdot\boxed{8}}{\boxed{72}} = \frac{\boxed{56}}{\boxed{72}}$ und $\frac{\boxed{1}\cdot\boxed{9}}{\boxed{72}} = \frac{\boxed{9}}{\boxed{72}}$

kgV $\left(\boxed{9},\boxed{8}\right) = \boxed{72}$

255. $\frac{1}{3}$ und $\frac{7}{8}$ $\quad \frac{\boxed{1}\cdot\boxed{8}}{\boxed{24}} = \frac{\boxed{8}}{\boxed{24}}$ und $\frac{\boxed{7}\cdot\boxed{3}}{\boxed{24}} = \frac{\boxed{21}}{\boxed{24}}$

kgV $\left(\boxed{3},\boxed{8}\right) = \boxed{24}$

256. $\frac{5}{9}$ und $\frac{1}{8}$ $\quad \frac{\boxed{5}\cdot\boxed{8}}{\boxed{72}} = \frac{\boxed{40}}{\boxed{72}}$ und $\frac{\boxed{1}\cdot\boxed{9}}{\boxed{72}} = \frac{\boxed{9}}{\boxed{72}}$

kgV $\left(\boxed{9},\boxed{8}\right) = \boxed{72}$

257. $\frac{4}{9}$ und $\frac{1}{4}$ $\quad \frac{\boxed{4}\cdot\boxed{4}}{\boxed{36}} = \frac{\boxed{16}}{\boxed{36}}$ und $\frac{\boxed{1}\cdot\boxed{9}}{\boxed{36}} = \frac{\boxed{9}}{\boxed{36}}$

kgV $\left(\boxed{9},\boxed{4}\right) = \boxed{36}$

258. $\frac{4}{9}$ und $\frac{3}{4}$ $\quad \frac{\boxed{4}\cdot\boxed{4}}{\boxed{36}} = \frac{\boxed{16}}{\boxed{36}}$ und $\frac{\boxed{3}\cdot\boxed{9}}{\boxed{36}} = \frac{\boxed{27}}{\boxed{36}}$

kgV $\left(\boxed{9},\boxed{4}\right) = \boxed{36}$

259. $\frac{2}{9}$ und $\frac{1}{2}$ $\quad \frac{\boxed{2}\cdot\boxed{2}}{\boxed{18}} = \frac{\boxed{4}}{\boxed{18}}$ und $\frac{\boxed{1}\cdot\boxed{9}}{\boxed{18}} = \frac{\boxed{9}}{\boxed{18}}$

kgV $\left(\boxed{9},\boxed{2}\right) = \boxed{18}$

260. $\frac{2}{3}$ und $\frac{1}{8}$ $\quad \frac{\boxed{2}\cdot\boxed{8}}{\boxed{24}} = \frac{\boxed{16}}{\boxed{24}}$ und $\frac{\boxed{1}\cdot\boxed{3}}{\boxed{24}} = \frac{\boxed{3}}{\boxed{24}}$

kgV $\left(\boxed{3},\boxed{8}\right) = \boxed{24}$

261. $\frac{1}{3}$ und $\frac{1}{2}$ $\quad \frac{\boxed{1}\cdot\boxed{2}}{\boxed{6}} = \frac{\boxed{2}}{\boxed{6}}$ und $\frac{\boxed{1}\cdot\boxed{3}}{\boxed{6}} = \frac{\boxed{3}}{\boxed{6}}$

kgV $\left(\boxed{3},\boxed{2}\right) = \boxed{6}$

262. $\frac{4}{9}$ und $\frac{3}{4}$ $\quad \frac{\boxed{4}\cdot\boxed{4}}{\boxed{36}} = \frac{\boxed{16}}{\boxed{36}}$ und $\frac{\boxed{3}\cdot\boxed{9}}{\boxed{36}} = \frac{\boxed{27}}{\boxed{36}}$

kgV $\left(\boxed{9},\boxed{4}\right) = \boxed{36}$

263. $\frac{1}{3}$ und $\frac{3}{4}$ $\quad \frac{\boxed{1}\cdot\boxed{4}}{\boxed{12}} = \frac{\boxed{4}}{\boxed{12}}$ und $\frac{\boxed{3}\cdot\boxed{3}}{\boxed{12}} = \frac{\boxed{9}}{\boxed{12}}$

kgV $\left(\boxed{3},\boxed{4}\right) = \boxed{12}$

264. $\frac{7}{9}$ und $\frac{5}{8}$ $\quad \frac{\boxed{7}\cdot\boxed{8}}{\boxed{72}} = \frac{\boxed{56}}{\boxed{72}}$ und $\frac{\boxed{5}\cdot\boxed{9}}{\boxed{72}} = \frac{\boxed{45}}{\boxed{72}}$

$\text{kgV}\left(\boxed{9}, \boxed{8}\right) = \boxed{72}$

265. $\frac{1}{3}$ und $\frac{1}{4}$ $\quad \frac{\boxed{1}\cdot\boxed{4}}{\boxed{12}} = \frac{\boxed{4}}{\boxed{12}}$ und $\frac{\boxed{1}\cdot\boxed{3}}{\boxed{12}} = \frac{\boxed{3}}{\boxed{12}}$

$\text{kgV}\left(\boxed{3}, \boxed{4}\right) = \boxed{12}$

266. $\frac{4}{9}$ und $\frac{5}{8}$ $\quad \frac{\boxed{4}\cdot\boxed{8}}{\boxed{72}} = \frac{\boxed{32}}{\boxed{72}}$ und $\frac{\boxed{5}\cdot\boxed{9}}{\boxed{72}} = \frac{\boxed{45}}{\boxed{72}}$

$\text{kgV}\left(\boxed{9}, \boxed{8}\right) = \boxed{72}$

Wandle die drei Brüche in einen gemeinsamen Nenner um

267. $\frac{1}{3}; \frac{1}{2}; \frac{5}{8}$ $\quad \frac{\boxed{1}\cdot\boxed{8}}{\boxed{24}} = \frac{\boxed{8}}{\boxed{24}}; \frac{\boxed{1}\cdot\boxed{12}}{\boxed{24}} = \frac{\boxed{12}}{\boxed{24}}; \frac{\boxed{5}\cdot\boxed{3}}{\boxed{24}} = \frac{\boxed{15}}{\boxed{24}}$

$\text{kgV}\left(\boxed{3}, \boxed{2}, \boxed{8}\right) = \boxed{24}$

268. $\frac{1}{3}; \frac{3}{4}; \frac{1}{8}$ $\quad \frac{\boxed{1}\cdot\boxed{8}}{\boxed{24}} = \frac{\boxed{8}}{\boxed{24}}; \frac{\boxed{3}\cdot\boxed{6}}{\boxed{24}} = \frac{\boxed{18}}{\boxed{24}}; \frac{\boxed{1}\cdot\boxed{3}}{\boxed{24}} = \frac{\boxed{3}}{\boxed{24}}$

$\text{kgV}\left(\boxed{3}, \boxed{4}, \boxed{8}\right) = \boxed{24}$

269. $\frac{1}{3}; \frac{1}{4}; \frac{1}{8}$ $\quad \frac{\boxed{1}\cdot\boxed{8}}{\boxed{24}} = \frac{\boxed{8}}{\boxed{24}}; \frac{\boxed{1}\cdot\boxed{6}}{\boxed{24}} = \frac{\boxed{6}}{\boxed{24}}; \frac{\boxed{1}\cdot\boxed{3}}{\boxed{24}} = \frac{\boxed{3}}{\boxed{24}}$

$\text{kgV}\left(\boxed{3}, \boxed{4}, \boxed{8}\right) = \boxed{24}$

270. $\frac{1}{3}; \frac{3}{4}; \frac{3}{8}$ $\quad \frac{\boxed{1}\cdot\boxed{8}}{\boxed{24}} = \frac{\boxed{8}}{\boxed{24}}; \frac{\boxed{3}\cdot\boxed{6}}{\boxed{24}} = \frac{\boxed{18}}{\boxed{24}}; \frac{\boxed{3}\cdot\boxed{3}}{\boxed{24}} = \frac{\boxed{9}}{\boxed{24}}$

$\text{kgV}\left(\boxed{3}, \boxed{4}, \boxed{8}\right) = \boxed{24}$

271. $\frac{1}{3}; \frac{3}{4}; \frac{1}{8}$ $\quad \frac{\boxed{1}\cdot\boxed{8}}{\boxed{24}} = \frac{\boxed{8}}{\boxed{24}}; \frac{\boxed{3}\cdot\boxed{6}}{\boxed{24}} = \frac{\boxed{18}}{\boxed{24}}; \frac{\boxed{1}\cdot\boxed{3}}{\boxed{24}} = \frac{\boxed{3}}{\boxed{24}}$

$\text{kgV}\left(\boxed{3}, \boxed{4}, \boxed{8}\right) = \boxed{24}$

272. $\frac{1}{3}; \frac{3}{4}; \frac{3}{8}$ $\quad \frac{\boxed{1}\cdot\boxed{8}}{\boxed{24}} = \frac{\boxed{8}}{\boxed{24}}; \frac{\boxed{3}\cdot\boxed{6}}{\boxed{24}} = \frac{\boxed{18}}{\boxed{24}}; \frac{\boxed{3}\cdot\boxed{3}}{\boxed{24}} = \frac{\boxed{9}}{\boxed{24}}$

$\text{kgV}\left(\boxed{3}, \boxed{4}, \boxed{8}\right) = \boxed{24}$

273. $\frac{1}{3}$; $\frac{1}{4}$; $\frac{3}{4}$ $\quad \frac{\boxed{1}\cdot\boxed{4}}{\boxed{12}} = \frac{\boxed{4}}{\boxed{12}}$; $\frac{\boxed{1}\cdot\boxed{3}}{\boxed{12}} = \frac{\boxed{3}}{\boxed{12}}$; $\frac{\boxed{3}\cdot\boxed{3}}{\boxed{12}} = \frac{\boxed{9}}{\boxed{12}}$

kgV $\left(\boxed{3}, \boxed{4}, \boxed{4}\right) = \boxed{12}$

274. $\frac{2}{3}$; $\frac{3}{4}$; $\frac{1}{2}$ $\quad \frac{\boxed{2}\cdot\boxed{4}}{\boxed{12}} = \frac{\boxed{8}}{\boxed{12}}$; $\frac{\boxed{3}\cdot\boxed{3}}{\boxed{12}} = \frac{\boxed{9}}{\boxed{12}}$; $\frac{\boxed{1}\cdot\boxed{6}}{\boxed{12}} = \frac{\boxed{6}}{\boxed{12}}$

kgV $\left(\boxed{3}, \boxed{4}, \boxed{2}\right) = \boxed{12}$

275. $\frac{1}{3}$; $\frac{3}{4}$; $\frac{3}{8}$ $\quad \frac{\boxed{1}\cdot\boxed{8}}{\boxed{24}} = \frac{\boxed{8}}{\boxed{24}}$; $\frac{\boxed{3}\cdot\boxed{6}}{\boxed{24}} = \frac{\boxed{18}}{\boxed{24}}$; $\frac{\boxed{3}\cdot\boxed{3}}{\boxed{24}} = \frac{\boxed{9}}{\boxed{24}}$

kgV $\left(\boxed{3}, \boxed{4}, \boxed{8}\right) = \boxed{24}$

276. $\frac{1}{3}$; $\frac{1}{4}$; $\frac{7}{8}$ $\quad \frac{\boxed{1}\cdot\boxed{8}}{\boxed{24}} = \frac{\boxed{8}}{\boxed{24}}$; $\frac{\boxed{1}\cdot\boxed{6}}{\boxed{24}} = \frac{\boxed{6}}{\boxed{24}}$; $\frac{\boxed{7}\cdot\boxed{3}}{\boxed{24}} = \frac{\boxed{21}}{\boxed{24}}$

kgV $\left(\boxed{3}, \boxed{4}, \boxed{8}\right) = \boxed{24}$

277. $\frac{2}{3}$; $\frac{3}{4}$; $\frac{1}{4}$ $\quad \frac{\boxed{2}\cdot\boxed{4}}{\boxed{12}} = \frac{\boxed{8}}{\boxed{12}}$; $\frac{\boxed{3}\cdot\boxed{3}}{\boxed{12}} = \frac{\boxed{9}}{\boxed{12}}$; $\frac{\boxed{1}\cdot\boxed{3}}{\boxed{12}} = \frac{\boxed{3}}{\boxed{12}}$

kgV $\left(\boxed{3}, \boxed{4}, \boxed{4}\right) = \boxed{12}$

278. $\frac{2}{3}$; $\frac{1}{4}$; $\frac{3}{8}$ $\quad \frac{\boxed{2}\cdot\boxed{8}}{\boxed{24}} = \frac{\boxed{16}}{\boxed{24}}$; $\frac{\boxed{1}\cdot\boxed{6}}{\boxed{24}} = \frac{\boxed{6}}{\boxed{24}}$; $\frac{\boxed{3}\cdot\boxed{3}}{\boxed{24}} = \frac{\boxed{9}}{\boxed{24}}$

kgV $\left(\boxed{3}, \boxed{4}, \boxed{8}\right) = \boxed{24}$

279. $\frac{1}{3}$; $\frac{1}{2}$; $\frac{1}{4}$ $\quad \frac{\boxed{1}\cdot\boxed{4}}{\boxed{12}} = \frac{\boxed{4}}{\boxed{12}}$; $\frac{\boxed{1}\cdot\boxed{6}}{\boxed{12}} = \frac{\boxed{6}}{\boxed{12}}$; $\frac{\boxed{1}\cdot\boxed{3}}{\boxed{12}} = \frac{\boxed{3}}{\boxed{12}}$

kgV $\left(\boxed{3}, \boxed{2}, \boxed{4}\right) = \boxed{12}$

280. $\frac{2}{3}$; $\frac{1}{2}$; $\frac{3}{8}$ $\quad \frac{\boxed{2}\cdot\boxed{8}}{\boxed{24}} = \frac{\boxed{16}}{\boxed{24}}$; $\frac{\boxed{1}\cdot\boxed{12}}{\boxed{24}} = \frac{\boxed{12}}{\boxed{24}}$; $\frac{\boxed{3}\cdot\boxed{3}}{\boxed{24}} = \frac{\boxed{9}}{\boxed{24}}$

kgV $\left(\boxed{3}, \boxed{2}, \boxed{8}\right) = \boxed{24}$

281. $\frac{1}{3}$; $\frac{3}{4}$; $\frac{5}{8}$ $\quad \frac{\boxed{1}\cdot\boxed{8}}{\boxed{24}} = \frac{\boxed{8}}{\boxed{24}}$; $\frac{\boxed{3}\cdot\boxed{6}}{\boxed{24}} = \frac{\boxed{18}}{\boxed{24}}$; $\frac{\boxed{5}\cdot\boxed{3}}{\boxed{24}} = \frac{\boxed{15}}{\boxed{24}}$

kgV $\left(\boxed{3}, \boxed{4}, \boxed{8}\right) = \boxed{24}$

282. $\frac{1}{3}$; $\frac{3}{4}$; $\frac{1}{2}$ $\quad \frac{\boxed{1}\cdot\boxed{4}}{\boxed{12}} = \frac{\boxed{4}}{\boxed{12}}$; $\frac{\boxed{3}\cdot\boxed{3}}{\boxed{12}} = \frac{\boxed{9}}{\boxed{12}}$; $\frac{\boxed{1}\cdot\boxed{6}}{\boxed{12}} = \frac{\boxed{6}}{\boxed{12}}$

kgV $\left(\boxed{3}, \boxed{4}, \boxed{2}\right) = \boxed{12}$

283. $\frac{1}{3}\,;\,\frac{1}{4}\,;\,\frac{7}{8}\qquad \frac{\boxed{1}\cdot\boxed{8}}{\boxed{24}}=\frac{\boxed{8}}{\boxed{24}}\,;\,\frac{\boxed{1}\cdot\boxed{6}}{\boxed{24}}=\frac{\boxed{6}}{\boxed{24}}\,;\,\frac{\boxed{7}\cdot\boxed{3}}{\boxed{24}}=\frac{\boxed{21}}{\boxed{24}}$

$\text{kgV}\left(\boxed{3},\boxed{4},\boxed{8}\right)=\boxed{24}$

284. $\frac{1}{3}\,;\,\frac{1}{2}\,;\,\frac{7}{8}\qquad \frac{\boxed{1}\cdot\boxed{8}}{\boxed{24}}=\frac{\boxed{8}}{\boxed{24}}\,;\,\frac{\boxed{1}\cdot\boxed{12}}{\boxed{24}}=\frac{\boxed{12}}{\boxed{24}}\,;\,\frac{\boxed{7}\cdot\boxed{3}}{\boxed{24}}=\frac{\boxed{21}}{\boxed{24}}$

$\text{kgV}\left(\boxed{3},\boxed{2},\boxed{8}\right)=\boxed{24}$

Wandle die vier Brüche in einen gemeinsamen Nenner um

285. $\frac{1}{3}\,;\,\frac{1}{2}\,;\,\frac{3}{8}\,;\,\frac{5}{12}\quad \frac{\boxed{1}\cdot\boxed{8}}{\boxed{24}}=\frac{\boxed{8}}{\boxed{24}}\,;\,\frac{\boxed{1}\cdot\boxed{12}}{\boxed{24}}=\frac{\boxed{12}}{\boxed{24}}$

$\frac{\boxed{3}\cdot\boxed{3}}{\boxed{24}}=\frac{\boxed{9}}{\boxed{24}}\,;\,\frac{\boxed{5}\cdot\boxed{2}}{\boxed{24}}=\frac{\boxed{10}}{\boxed{24}}$

$\text{kgV}\left(\boxed{3},\boxed{2},\boxed{8},\boxed{12}\right)=\boxed{24}$

286. $\frac{1}{3}\,;\,\frac{1}{2}\,;\,\frac{3}{4}\,;\,\frac{1}{4}\quad \frac{\boxed{1}\cdot\boxed{4}}{\boxed{12}}=\frac{\boxed{4}}{\boxed{12}}\,;\,\frac{\boxed{1}\cdot\boxed{6}}{\boxed{12}}=\frac{\boxed{6}}{\boxed{12}}$

$\frac{\boxed{3}\cdot\boxed{3}}{\boxed{12}}=\frac{\boxed{9}}{\boxed{12}}\,;\,\frac{\boxed{1}\cdot\boxed{3}}{\boxed{12}}=\frac{\boxed{3}}{\boxed{12}}$

$\text{kgV}\left(\boxed{3},\boxed{2},\boxed{4},\boxed{4}\right)=\boxed{12}$

287. $\frac{1}{3}\,;\,\frac{3}{4}\,;\,\frac{5}{8}\,;\,\frac{1}{6}\quad \frac{\boxed{1}\cdot\boxed{8}}{\boxed{24}}=\frac{\boxed{8}}{\boxed{24}}\,;\,\frac{\boxed{3}\cdot\boxed{6}}{\boxed{24}}=\frac{\boxed{18}}{\boxed{24}}$

$\frac{\boxed{5}\cdot\boxed{3}}{\boxed{24}}=\frac{\boxed{15}}{\boxed{24}}\,;\,\frac{\boxed{1}\cdot\boxed{4}}{\boxed{24}}=\frac{\boxed{4}}{\boxed{24}}$

$\text{kgV}\left(\boxed{3},\boxed{4},\boxed{8},\boxed{6}\right)=\boxed{24}$

288. $\frac{1}{3}\,;\,\frac{3}{4}\,;\,\frac{1}{2}\,;\,\frac{11}{12}\quad \frac{\boxed{1}\cdot\boxed{4}}{\boxed{12}}=\frac{\boxed{4}}{\boxed{12}}\,;\,\frac{\boxed{3}\cdot\boxed{3}}{\boxed{12}}=\frac{\boxed{9}}{\boxed{12}}$

$\frac{\boxed{1}\cdot\boxed{6}}{\boxed{12}}=\frac{\boxed{6}}{\boxed{12}}\,;\,\frac{\boxed{11}\cdot\boxed{1}}{\boxed{12}}=\frac{\boxed{11}}{\boxed{12}}$

$\text{kgV}\left(\boxed{3},\boxed{4},\boxed{2},\boxed{12}\right)=\boxed{12}$

289. $\frac{2}{3}\,;\,\frac{1}{2}\,;\,\frac{5}{8}\,;\,\frac{1}{6}\quad \frac{\boxed{2}\cdot\boxed{8}}{\boxed{24}}=\frac{\boxed{16}}{\boxed{24}}\,;\,\frac{\boxed{1}\cdot\boxed{12}}{\boxed{24}}=\frac{\boxed{12}}{\boxed{24}}$

$\frac{\boxed{5}\cdot\boxed{3}}{\boxed{24}}=\frac{\boxed{15}}{\boxed{24}}\,;\,\frac{\boxed{1}\cdot\boxed{4}}{\boxed{24}}=\frac{\boxed{4}}{\boxed{24}}$

$\text{kgV}\left(\boxed{3},\boxed{2},\boxed{8},\boxed{6}\right)=\boxed{24}$

290. $\frac{1}{3}\,;\,\frac{3}{4}\,;\,\frac{1}{8}\,;\,\frac{1}{6}\quad \frac{\boxed{1}\cdot\boxed{8}}{\boxed{24}}=\frac{\boxed{8}}{\boxed{24}}\,;\,\frac{\boxed{3}\cdot\boxed{6}}{\boxed{24}}=\frac{\boxed{18}}{\boxed{24}}$

$\frac{\boxed{1}\cdot\boxed{3}}{\boxed{24}}=\frac{\boxed{3}}{\boxed{24}}\,;\,\frac{\boxed{1}\cdot\boxed{4}}{\boxed{24}}=\frac{\boxed{4}}{\boxed{24}}$

$\text{kgV}\left(\boxed{3},\boxed{4},\boxed{8},\boxed{6}\right)=\boxed{24}$

291. $\frac{1}{3}\,;\,\frac{3}{4}\,;\,\frac{1}{4}\,;\,\frac{3}{4}\quad \frac{\boxed{1}\cdot\boxed{4}}{\boxed{12}}=\frac{\boxed{4}}{\boxed{12}}\,;\,\frac{\boxed{3}\cdot\boxed{3}}{\boxed{12}}=\frac{\boxed{9}}{\boxed{12}}$

$\frac{\boxed{1}\cdot\boxed{3}}{\boxed{12}}=\frac{\boxed{3}}{\boxed{12}}\,;\,\frac{\boxed{3}\cdot\boxed{3}}{\boxed{12}}=\frac{\boxed{9}}{\boxed{12}}$

$\text{kgV}\left(\boxed{3},\boxed{4},\boxed{4},\boxed{4}\right)=\boxed{12}$

292. $\frac{1}{3}\,;\,\frac{1}{2}\,;\,\frac{7}{8}\,;\,\frac{1}{2}\quad \frac{\boxed{1}\cdot\boxed{8}}{\boxed{24}}=\frac{\boxed{8}}{\boxed{24}}\,;\,\frac{\boxed{1}\cdot\boxed{12}}{\boxed{24}}=\frac{\boxed{12}}{\boxed{24}}$

$\frac{\boxed{7}\cdot\boxed{3}}{\boxed{24}}=\frac{\boxed{21}}{\boxed{24}}\,;\,\frac{\boxed{1}\cdot\boxed{12}}{\boxed{24}}=\frac{\boxed{12}}{\boxed{24}}$

$\text{kgV}\left(\boxed{3},\boxed{2},\boxed{8},\boxed{2}\right)=\boxed{24}$

293. $\frac{1}{3}\,;\,\frac{1}{4}\,;\,\frac{5}{8}\,;\,\frac{5}{12}\quad \frac{\boxed{1}\cdot\boxed{8}}{\boxed{24}}=\frac{\boxed{8}}{\boxed{24}}\,;\,\frac{\boxed{1}\cdot\boxed{6}}{\boxed{24}}=\frac{\boxed{6}}{\boxed{24}}$

$\frac{\boxed{5}\cdot\boxed{3}}{\boxed{24}}=\frac{\boxed{15}}{\boxed{24}}\,;\,\frac{\boxed{5}\cdot\boxed{2}}{\boxed{24}}=\frac{\boxed{10}}{\boxed{24}}$

$\text{kgV}\left(\boxed{3},\boxed{4},\boxed{8},\boxed{12}\right)=\boxed{24}$

294. $\frac{1}{3}\,;\,\frac{3}{4}\,;\,\frac{1}{2}\,;\,\frac{11}{12}\quad \frac{\boxed{1}\cdot\boxed{4}}{\boxed{12}}=\frac{\boxed{4}}{\boxed{12}}\,;\,\frac{\boxed{3}\cdot\boxed{3}}{\boxed{12}}=\frac{\boxed{9}}{\boxed{12}}$

$\frac{\boxed{1}\cdot\boxed{6}}{\boxed{12}}=\frac{\boxed{6}}{\boxed{12}}\,;\,\frac{\boxed{11}\cdot\boxed{1}}{\boxed{12}}=\frac{\boxed{11}}{\boxed{12}}$

$\text{kgV}\left(\boxed{3},\boxed{4},\boxed{2},\boxed{12}\right)=\boxed{12}$

295. $\frac{1}{3}$; $\frac{1}{4}$; $\frac{3}{8}$; $\frac{1}{12}$ $\frac{\boxed{1}\cdot\boxed{8}}{\boxed{24}} = \frac{\boxed{8}}{\boxed{24}}$; $\frac{\boxed{1}\cdot\boxed{6}}{\boxed{24}} = \frac{\boxed{6}}{\boxed{24}}$

$\frac{\boxed{3}\cdot\boxed{3}}{\boxed{24}} = \frac{\boxed{9}}{\boxed{24}}$; $\frac{\boxed{1}\cdot\boxed{2}}{\boxed{24}} = \frac{\boxed{2}}{\boxed{24}}$

$\mathrm{kgV}\left(\boxed{3}, \boxed{4}, \boxed{8}, \boxed{12}\right) = \boxed{24}$

296. $\frac{1}{3}$; $\frac{1}{2}$; $\frac{7}{8}$; $\frac{1}{6}$ $\frac{\boxed{1}\cdot\boxed{8}}{\boxed{24}} = \frac{\boxed{8}}{\boxed{24}}$; $\frac{\boxed{1}\cdot\boxed{12}}{\boxed{24}} = \frac{\boxed{12}}{\boxed{24}}$

$\frac{\boxed{7}\cdot\boxed{3}}{\boxed{24}} = \frac{\boxed{21}}{\boxed{24}}$; $\frac{\boxed{1}\cdot\boxed{4}}{\boxed{24}} = \frac{\boxed{4}}{\boxed{24}}$

$\mathrm{kgV}\left(\boxed{3}, \boxed{2}, \boxed{8}, \boxed{6}\right) = \boxed{24}$

297. $\frac{2}{3}$; $\frac{1}{4}$; $\frac{7}{8}$; $\frac{5}{6}$ $\frac{\boxed{2}\cdot\boxed{8}}{\boxed{24}} = \frac{\boxed{16}}{\boxed{24}}$; $\frac{\boxed{1}\cdot\boxed{6}}{\boxed{24}} = \frac{\boxed{6}}{\boxed{24}}$

$\frac{\boxed{7}\cdot\boxed{3}}{\boxed{24}} = \frac{\boxed{21}}{\boxed{24}}$; $\frac{\boxed{5}\cdot\boxed{4}}{\boxed{24}} = \frac{\boxed{20}}{\boxed{24}}$

$\mathrm{kgV}\left(\boxed{3}, \boxed{4}, \boxed{8}, \boxed{6}\right) = \boxed{24}$

298. $\frac{2}{3}$; $\frac{1}{4}$; $\frac{3}{4}$; $\frac{1}{12}$ $\frac{\boxed{2}\cdot\boxed{4}}{\boxed{12}} = \frac{\boxed{8}}{\boxed{12}}$; $\frac{\boxed{1}\cdot\boxed{3}}{\boxed{12}} = \frac{\boxed{3}}{\boxed{12}}$

$\frac{\boxed{3}\cdot\boxed{3}}{\boxed{12}} = \frac{\boxed{9}}{\boxed{12}}$; $\frac{\boxed{1}\cdot\boxed{1}}{\boxed{12}} = \frac{\boxed{1}}{\boxed{12}}$

$\mathrm{kgV}\left(\boxed{3}, \boxed{4}, \boxed{4}, \boxed{12}\right) = \boxed{12}$

299. $\frac{1}{3}$; $\frac{1}{4}$; $\frac{1}{4}$; $\frac{5}{12}$ $\frac{\boxed{1}\cdot\boxed{4}}{\boxed{12}} = \frac{\boxed{4}}{\boxed{12}}$; $\frac{\boxed{1}\cdot\boxed{3}}{\boxed{12}} = \frac{\boxed{3}}{\boxed{12}}$

$\frac{\boxed{1}\cdot\boxed{3}}{\boxed{12}} = \frac{\boxed{3}}{\boxed{12}}$; $\frac{\boxed{5}\cdot\boxed{1}}{\boxed{12}} = \frac{\boxed{5}}{\boxed{12}}$

$\mathrm{kgV}\left(\boxed{3}, \boxed{4}, \boxed{4}, \boxed{12}\right) = \boxed{12}$

300. $\frac{2}{3}$; $\frac{3}{4}$; $\frac{3}{8}$; $\frac{1}{2}$ $\frac{\boxed{2}\cdot\boxed{8}}{\boxed{24}} = \frac{\boxed{16}}{\boxed{24}}$; $\frac{\boxed{3}\cdot\boxed{6}}{\boxed{24}} = \frac{\boxed{18}}{\boxed{24}}$

$\frac{\boxed{3}\cdot\boxed{3}}{\boxed{24}} = \frac{\boxed{9}}{\boxed{24}}$; $\frac{\boxed{1}\cdot\boxed{12}}{\boxed{24}} = \frac{\boxed{12}}{\boxed{24}}$

$\mathrm{kgV}\left(\boxed{3}, \boxed{4}, \boxed{8}, \boxed{2}\right) = \boxed{24}$

301. $\frac{2}{3}$; $\frac{1}{2}$; $\frac{7}{8}$; $\frac{1}{12}$ $\frac{\boxed{2}\cdot\boxed{8}}{\boxed{24}} = \frac{\boxed{16}}{\boxed{24}}$; $\frac{\boxed{1}\cdot\boxed{12}}{\boxed{24}} = \frac{\boxed{12}}{\boxed{24}}$

$\frac{\boxed{7}\cdot\boxed{3}}{\boxed{24}} = \frac{\boxed{21}}{\boxed{24}}$; $\frac{\boxed{1}\cdot\boxed{2}}{\boxed{24}} = \frac{\boxed{2}}{\boxed{24}}$

kgV$\left(\boxed{3}, \boxed{2}, \boxed{8}, \boxed{12}\right) = \boxed{24}$

302. $\frac{2}{3}$; $\frac{3}{4}$; $\frac{5}{8}$; $\frac{3}{4}$ $\frac{\boxed{2}\cdot\boxed{8}}{\boxed{24}} = \frac{\boxed{16}}{\boxed{24}}$; $\frac{\boxed{3}\cdot\boxed{6}}{\boxed{24}} = \frac{\boxed{18}}{\boxed{24}}$

$\frac{\boxed{5}\cdot\boxed{3}}{\boxed{24}} = \frac{\boxed{15}}{\boxed{24}}$; $\frac{\boxed{3}\cdot\boxed{6}}{\boxed{24}} = \frac{\boxed{18}}{\boxed{24}}$

kgV$\left(\boxed{3}, \boxed{4}, \boxed{8}, \boxed{4}\right) = \boxed{24}$

Addiere die Brüche mit dem gleichen Nenner

303. $\frac{5}{7} + \frac{4}{7} = \frac{\boxed{5}+\boxed{4}}{\boxed{7}} = \frac{\boxed{9}}{\boxed{7}}$

304. $\frac{2}{3} + \frac{3}{3} = \frac{\boxed{2}+\boxed{3}}{\boxed{3}} = \frac{\boxed{5}}{\boxed{3}}$

305. $\frac{2}{2} + \frac{2}{2} = \frac{\boxed{2}+\boxed{2}}{\boxed{2}} = \frac{\boxed{4}}{\boxed{2}}$

306. $\frac{2}{8} + \frac{4}{8} = \frac{\boxed{2}+\boxed{4}}{\boxed{8}} = \frac{\boxed{6}}{\boxed{8}}$

307. $\frac{2}{2} + \frac{2}{2} = \frac{\boxed{2}+\boxed{2}}{\boxed{2}} = \frac{\boxed{4}}{\boxed{2}}$

308. $\frac{4}{10} + \frac{7}{10} = \frac{\boxed{4}+\boxed{7}}{\boxed{10}} = \frac{\boxed{11}}{\boxed{10}}$

309. $\frac{2}{7} + \frac{2}{7} = \frac{\boxed{2}+\boxed{2}}{\boxed{7}} = \frac{\boxed{4}}{\boxed{7}}$

310. $\frac{2}{2} + \frac{2}{2} = \frac{\boxed{2}+\boxed{2}}{\boxed{2}} = \frac{\boxed{4}}{\boxed{2}}$

311. $\frac{3}{6} + \frac{5}{6} = \frac{\boxed{3}+\boxed{5}}{\boxed{6}} = \frac{\boxed{8}}{\boxed{6}}$

312. $\frac{2}{4} + \frac{2}{4} = \frac{\boxed{2}+\boxed{2}}{\boxed{4}} = \frac{\boxed{4}}{\boxed{4}}$

313. $\frac{3}{8} + \frac{5}{8} = \frac{\boxed{3}+\boxed{5}}{\boxed{8}} = \frac{\boxed{8}}{\boxed{8}}$

314. $\frac{3}{4} + \frac{4}{4} = \frac{\boxed{3}+\boxed{4}}{\boxed{4}} = \frac{\boxed{7}}{\boxed{4}}$

315. $\frac{2}{6} + \frac{4}{6} = \frac{\boxed{2}+\boxed{4}}{\boxed{6}} = \frac{\boxed{6}}{\boxed{6}}$

316. $\frac{7}{8} + \frac{2}{8} = \frac{\boxed{7}+\boxed{2}}{\boxed{8}} = \frac{\boxed{9}}{\boxed{8}}$

317. $\frac{8}{10} + \frac{4}{10} = \frac{\boxed{8}+\boxed{4}}{\boxed{10}} = \frac{\boxed{12}}{\boxed{10}}$

318. $\frac{2}{2} + \frac{2}{2} = \frac{\boxed{2}+\boxed{2}}{\boxed{2}} = \frac{\boxed{4}}{\boxed{2}}$

Subtrahiere die Brüche mit dem gleichen Nenner

319. $\frac{6}{9} - \frac{3}{9} = \frac{6-3}{9} = \frac{3}{9}$

320. $\frac{6}{10} - \frac{2}{10} = \frac{6-2}{10} = \frac{4}{10}$

321. $\frac{4}{4} - \frac{3}{4} = \frac{4-3}{4} = \frac{1}{4}$

322. $\frac{8}{8} - \frac{5}{8} = \frac{8-5}{8} = \frac{3}{8}$

323. $\frac{2}{2} - \frac{1}{2} = \frac{2-1}{2} = \frac{1}{2}$

324. $\frac{5}{6} - \frac{4}{6} = \frac{5-4}{6} = \frac{1}{6}$

325. $\frac{2}{3} - \frac{2}{3} = \frac{2-2}{3} = \frac{0}{3}$

326. $\frac{2}{4} - \frac{1}{4} = \frac{2-1}{4} = \frac{1}{4}$

327. $\frac{7}{10} - \frac{6}{10} = \frac{7-6}{10} = \frac{1}{10}$

328. $\frac{4}{4} - \frac{2}{4} = \frac{4-2}{4} = \frac{2}{4}$

329. $\frac{5}{9} - \frac{3}{9} = \frac{5-3}{9} = \frac{2}{9}$

330. $\frac{5}{10} - \frac{3}{10} = \frac{5-3}{10} = \frac{2}{10}$

331. $\frac{2}{2} - \frac{2}{2} = \frac{2-2}{2} = \frac{0}{2}$

332. $\frac{2}{3} - \frac{1}{3} = \frac{2-1}{3} = \frac{1}{3}$

333. $\frac{5}{6} - \frac{2}{6} = \frac{5-2}{6} = \frac{3}{6}$

334. $\frac{3}{5} - \frac{2}{5} = \frac{3-2}{5} = \frac{1}{5}$

Wandle in einen gemeinsamen Nenner um und addiere

335. $\frac{6}{7} + \frac{1}{2} = \frac{6 \cdot 2 + 1 \cdot 7}{7 \cdot 2} = \frac{19}{14} = 1\frac{5}{14}$

336. $\frac{1}{3} + \frac{1}{5} = \frac{1 \cdot 5 + 1 \cdot 3}{3 \cdot 5} = \frac{8}{15}$

337. $\frac{1}{3} + \frac{6}{13} = \frac{1 \cdot 13 + 6 \cdot 3}{3 \cdot 13} = \frac{31}{39}$

338. $\frac{4}{7} + \frac{5}{11} = \frac{4 \cdot 11 + 5 \cdot 7}{7 \cdot 11} = \frac{79}{77} = 1\frac{2}{77}$

339. $\frac{2}{15} + \frac{4}{9} = \frac{2 \cdot 9 + 4 \cdot 15}{15 \cdot 9} = \frac{78}{135} = \frac{26}{45}$

340. $\frac{1}{14} + \frac{1}{2} = \frac{1 \cdot 2 + 1 \cdot 14}{14 \cdot 2} = \frac{16}{28} = \frac{4}{7}$

341. $$\frac{1}{2}+\frac{1}{8}=\frac{\boxed{1}\cdot\boxed{8}+\boxed{1}\cdot\boxed{2}}{\boxed{2}\cdot\boxed{8}}=\frac{\boxed{10}}{\boxed{16}}=\frac{\boxed{5}}{\boxed{8}}$$

342. $$\frac{7}{16}+\frac{5}{7}=\frac{\boxed{7}\cdot\boxed{7}+\boxed{5}\cdot\boxed{16}}{\boxed{16}\cdot\boxed{7}}=\frac{\boxed{129}}{\boxed{112}}=\boxed{1}\frac{\boxed{17}}{\boxed{112}}$$

343. $$\frac{1}{9}+\frac{1}{3}=\frac{\boxed{1}\cdot\boxed{3}+\boxed{1}\cdot\boxed{9}}{\boxed{9}\cdot\boxed{3}}=\frac{\boxed{12}}{\boxed{27}}=\frac{\boxed{4}}{\boxed{9}}$$

344. $$\frac{5}{16}+\frac{1}{3}=\frac{\boxed{5}\cdot\boxed{3}+\boxed{1}\cdot\boxed{16}}{\boxed{16}\cdot\boxed{3}}=\frac{\boxed{31}}{\boxed{48}}$$

345. $$\frac{1}{3}+\frac{4}{5}=\frac{\boxed{1}\cdot\boxed{5}+\boxed{4}\cdot\boxed{3}}{\boxed{3}\cdot\boxed{5}}=\frac{\boxed{17}}{\boxed{15}}=\boxed{1}\frac{\boxed{2}}{\boxed{15}}$$

346. $$\frac{7}{8}+\frac{3}{10}=\frac{\boxed{7}\cdot\boxed{10}+\boxed{3}\cdot\boxed{8}}{\boxed{8}\cdot\boxed{10}}=\frac{\boxed{94}}{\boxed{80}}=\frac{\boxed{47}}{\boxed{40}}=\boxed{1}\frac{\boxed{7}}{\boxed{40}}$$

347. $$\frac{1}{6}+\frac{2}{3}=\frac{\boxed{1}\cdot\boxed{3}+\boxed{2}\cdot\boxed{6}}{\boxed{6}\cdot\boxed{3}}=\frac{\boxed{15}}{\boxed{18}}=\frac{\boxed{5}}{\boxed{6}}$$

348. $$\frac{2}{15}+\frac{1}{11}=\frac{\boxed{2}\cdot\boxed{11}+\boxed{1}\cdot\boxed{15}}{\boxed{15}\cdot\boxed{11}}=\frac{\boxed{37}}{\boxed{165}}$$

349. $$\frac{2}{3}+\frac{5}{12}=\frac{\boxed{2}\cdot\boxed{12}+\boxed{5}\cdot\boxed{3}}{\boxed{3}\cdot\boxed{12}}=\frac{\boxed{39}}{\boxed{36}}=\frac{\boxed{13}}{\boxed{12}}=\boxed{1}\frac{\boxed{1}}{\boxed{12}}$$

350. $$\frac{5}{8}+\frac{2}{3}=\frac{\boxed{5}\cdot\boxed{3}+\boxed{2}\cdot\boxed{8}}{\boxed{8}\cdot\boxed{3}}=\frac{\boxed{31}}{\boxed{24}}=\boxed{1}\frac{\boxed{7}}{\boxed{24}}$$

351. $$\frac{3}{8}+\frac{5}{11}=\frac{\boxed{3}\cdot\boxed{11}+\boxed{5}\cdot\boxed{8}}{\boxed{8}\cdot\boxed{11}}=\frac{\boxed{73}}{\boxed{88}}$$

352. $$\frac{1}{2}+\frac{8}{9}=\frac{\boxed{1}\cdot\boxed{9}+\boxed{8}\cdot\boxed{2}}{\boxed{2}\cdot\boxed{9}}=\frac{\boxed{25}}{\boxed{18}}=\boxed{1}\frac{\boxed{7}}{\boxed{18}}$$

353. $$\frac{2}{3}+\frac{6}{11}=\frac{\boxed{2}\cdot\boxed{11}+\boxed{6}\cdot\boxed{3}}{\boxed{3}\cdot\boxed{11}}=\frac{\boxed{40}}{\boxed{33}}=\boxed{1}\frac{\boxed{7}}{\boxed{33}}$$

354. $$\frac{4}{13}+\frac{3}{7}=\frac{\boxed{4}\cdot\boxed{7}+\boxed{3}\cdot\boxed{13}}{\boxed{13}\cdot\boxed{7}}=\frac{\boxed{67}}{\boxed{91}}$$

Wandle in einen gemeinsamen Nenner um und subtrahiere

355. $$\frac{12}{13}-\frac{1}{4}=\frac{\boxed{12}\cdot\boxed{4}-\boxed{1}\cdot\boxed{13}}{\boxed{13}\cdot\boxed{4}}=\frac{\boxed{35}}{\boxed{52}}$$

356. $\frac{1}{2}-\frac{2}{3} = \frac{\boxed{1}\cdot\boxed{3}-\boxed{2}\cdot\boxed{2}}{\boxed{2}\cdot\boxed{3}} = \frac{\boxed{-1}}{\boxed{6}}$

357. $\frac{3}{10}-\frac{1}{2} = \frac{\boxed{3}\cdot\boxed{2}-\boxed{1}\cdot\boxed{10}}{\boxed{10}\cdot\boxed{2}} = \frac{\boxed{-4}}{\boxed{20}} = \frac{\boxed{-1}}{\boxed{5}}$

358. $\frac{7}{15}-\frac{1}{10} = \frac{\boxed{7}\cdot\boxed{10}-\boxed{1}\cdot\boxed{15}}{\boxed{15}\cdot\boxed{10}} = \frac{\boxed{55}}{\boxed{150}} = \frac{\boxed{11}}{\boxed{30}}$

359. $\frac{5}{6}-\frac{2}{3} = \frac{\boxed{5}\cdot\boxed{3}-\boxed{2}\cdot\boxed{6}}{\boxed{6}\cdot\boxed{3}} = \frac{\boxed{3}}{\boxed{18}} = \frac{\boxed{1}}{\boxed{6}}$

360. $\frac{2}{3}-\frac{3}{11} = \frac{\boxed{2}\cdot\boxed{11}-\boxed{3}\cdot\boxed{3}}{\boxed{3}\cdot\boxed{11}} = \frac{\boxed{13}}{\boxed{33}}$

361. $\frac{1}{3}-\frac{2}{9} = \frac{\boxed{1}\cdot\boxed{9}-\boxed{2}\cdot\boxed{3}}{\boxed{3}\cdot\boxed{9}} = \frac{\boxed{3}}{\boxed{27}} = \frac{\boxed{1}}{\boxed{9}}$

362. $\frac{3}{8}-\frac{2}{3} = \frac{\boxed{3}\cdot\boxed{3}-\boxed{2}\cdot\boxed{8}}{\boxed{8}\cdot\boxed{3}} = \frac{\boxed{-7}}{\boxed{24}}$

363. $\frac{7}{8}-\frac{2}{5} = \frac{\boxed{7}\cdot\boxed{5}-\boxed{2}\cdot\boxed{8}}{\boxed{8}\cdot\boxed{5}} = \frac{\boxed{19}}{\boxed{40}}$

364. $\frac{1}{8}-\frac{1}{2} = \frac{\boxed{1}\cdot\boxed{2}-\boxed{1}\cdot\boxed{8}}{\boxed{8}\cdot\boxed{2}} = \frac{\boxed{-6}}{\boxed{16}} = \frac{\boxed{-3}}{\boxed{8}}$

365. $\frac{3}{8}-\frac{3}{4} = \frac{\boxed{3}\cdot\boxed{4}-\boxed{3}\cdot\boxed{8}}{\boxed{8}\cdot\boxed{4}} = \frac{\boxed{-12}}{\boxed{32}} = \frac{\boxed{-3}}{\boxed{8}}$

366. $\frac{1}{2}-\frac{1}{3} = \frac{\boxed{1}\cdot\boxed{3}-\boxed{1}\cdot\boxed{2}}{\boxed{2}\cdot\boxed{3}} = \frac{\boxed{1}}{\boxed{6}}$

367. $\frac{5}{6}-\frac{1}{2} = \frac{\boxed{5}\cdot\boxed{2}-\boxed{1}\cdot\boxed{6}}{\boxed{6}\cdot\boxed{2}} = \frac{\boxed{4}}{\boxed{12}} = \frac{\boxed{1}}{\boxed{3}}$

368. $\frac{2}{3}-\frac{11}{12} = \frac{\boxed{2}\cdot\boxed{12}-\boxed{11}\cdot\boxed{3}}{\boxed{3}\cdot\boxed{12}} = \frac{\boxed{-9}}{\boxed{36}} = \frac{\boxed{-1}}{\boxed{4}}$

369. $\frac{5}{6}-\frac{11}{15} = \frac{\boxed{5}\cdot\boxed{15}-\boxed{11}\cdot\boxed{6}}{\boxed{6}\cdot\boxed{15}} = \frac{\boxed{9}}{\boxed{90}} = \frac{\boxed{1}}{\boxed{10}}$

370. $\frac{1}{2}-\frac{1}{5} = \frac{\boxed{1}\cdot\boxed{5}-\boxed{1}\cdot\boxed{2}}{\boxed{2}\cdot\boxed{5}} = \frac{\boxed{3}}{\boxed{10}}$

371. $\frac{1}{4}-\frac{1}{2} = \frac{\boxed{1}\cdot\boxed{2}-\boxed{1}\cdot\boxed{4}}{\boxed{4}\cdot\boxed{2}} = \frac{\boxed{-2}}{\boxed{8}} = \frac{\boxed{-1}}{\boxed{4}}$

372. $\frac{2}{5} - \frac{4}{7} = \frac{\boxed{2}\cdot\boxed{7}-\boxed{4}\cdot\boxed{5}}{\boxed{5}\cdot\boxed{7}} = \frac{\boxed{-6}}{\boxed{35}}$

373. $\frac{1}{11} - \frac{1}{2} = \frac{\boxed{1}\cdot\boxed{2}-\boxed{1}\cdot\boxed{11}}{\boxed{11}\cdot\boxed{2}} = \frac{\boxed{-9}}{\boxed{22}}$

374. $\frac{1}{3} - \frac{3}{13} = \frac{\boxed{1}\cdot\boxed{13}-\boxed{3}\cdot\boxed{3}}{\boxed{3}\cdot\boxed{13}} = \frac{\boxed{4}}{\boxed{39}}$

9. Berechnung von Brüchen mit verschiedenen Nennern (Variante II)

Wandle in einen gemeinsamen Nenner um, addiere und kürze

375. $\frac{7}{15} + \frac{1}{2} = \frac{\boxed{14}+\boxed{15}}{\boxed{30}} = \frac{\boxed{29}}{\boxed{30}}$

$\text{kgV}\left(\boxed{15},\boxed{2}\right) = \boxed{30}$

376. $\frac{1}{2} + \frac{2}{5} = \frac{\boxed{5}+\boxed{4}}{\boxed{10}} = \frac{\boxed{9}}{\boxed{10}}$

$\text{kgV}\left(\boxed{2},\boxed{5}\right) = \boxed{10}$

377. $\frac{2}{13} + \frac{3}{5} = \frac{\boxed{10}+\boxed{39}}{\boxed{65}} = \frac{\boxed{49}}{\boxed{65}}$

$\text{kgV}\left(\boxed{13},\boxed{5}\right) = \boxed{65}$

378. $\frac{6}{11} + \frac{1}{6} = \frac{\boxed{36}+\boxed{11}}{\boxed{66}} = \frac{\boxed{47}}{\boxed{66}}$

$\text{kgV}\left(\boxed{11},\boxed{6}\right) = \boxed{66}$

379. $\frac{3}{8} + \frac{2}{15} = \frac{\boxed{45}+\boxed{16}}{\boxed{120}} = \frac{\boxed{61}}{\boxed{120}}$

$\text{kgV}\left(\boxed{8},\boxed{15}\right) = \boxed{120}$

380. $\frac{7}{10} + \frac{1}{5} = \frac{\boxed{7}+\boxed{2}}{\boxed{10}} = \frac{\boxed{9}}{\boxed{10}}$

$\text{kgV}\left(\boxed{10},\boxed{5}\right) = \boxed{10}$

381. $\frac{6}{11} + \frac{5}{13} = \frac{\boxed{78}+\boxed{55}}{\boxed{143}} = \frac{\boxed{133}}{\boxed{143}}$

$\text{kgV}\left(\boxed{11},\boxed{13}\right) = \boxed{143}$

382. $\frac{1}{2}+\frac{2}{15}=\frac{\boxed{15}+\boxed{4}}{\boxed{30}}=\frac{\boxed{19}}{\boxed{30}}$

kgV $\left(\boxed{2},\boxed{15}\right)=\boxed{30}$

383. $\frac{2}{5}+\frac{3}{11}=\frac{\boxed{22}+\boxed{15}}{\boxed{55}}=\frac{\boxed{37}}{\boxed{55}}$

kgV $\left(\boxed{5},\boxed{11}\right)=\boxed{55}$

384. $\frac{1}{15}+\frac{11}{16}=\frac{\boxed{16}+\boxed{165}}{\boxed{240}}=\frac{\boxed{181}}{\boxed{240}}$

kgV $\left(\boxed{15},\boxed{16}\right)=\boxed{240}$

385. $\frac{4}{5}+\frac{1}{2}=\frac{\boxed{8}+\boxed{5}}{\boxed{10}}=\frac{\boxed{13}}{\boxed{10}}=\boxed{1}\frac{\boxed{3}}{\boxed{10}}$

kgV $\left(\boxed{5},\boxed{2}\right)=\boxed{10}$

386. $\frac{1}{3}+\frac{14}{15}=\frac{\boxed{5}+\boxed{14}}{\boxed{15}}=\frac{\boxed{19}}{\boxed{15}}=\boxed{1}\frac{\boxed{4}}{\boxed{15}}$

kgV $\left(\boxed{3},\boxed{15}\right)=\boxed{15}$

387. $\frac{6}{13}+\frac{1}{15}=\frac{\boxed{90}+\boxed{13}}{\boxed{195}}=\frac{\boxed{103}}{\boxed{195}}$

kgV $\left(\boxed{13},\boxed{15}\right)=\boxed{195}$

388. $\frac{1}{5}+\frac{1}{4}=\frac{\boxed{4}+\boxed{5}}{\boxed{20}}=\frac{\boxed{9}}{\boxed{20}}$

kgV $\left(\boxed{5},\boxed{4}\right)=\boxed{20}$

389. $\frac{4}{5}+\frac{3}{7}=\frac{\boxed{28}+\boxed{15}}{\boxed{35}}=\frac{\boxed{43}}{\boxed{35}}=\boxed{1}\frac{\boxed{8}}{\boxed{35}}$

kgV $\left(\boxed{5},\boxed{7}\right)=\boxed{35}$

390. $\frac{1}{3}+\frac{3}{4}=\frac{\boxed{4}+\boxed{9}}{\boxed{12}}=\frac{\boxed{13}}{\boxed{12}}=\boxed{1}\frac{\boxed{1}}{\boxed{12}}$

kgV $\left(\boxed{3},\boxed{4}\right)=\boxed{12}$

391. $\frac{4}{7}+\frac{2}{3}=\frac{\boxed{12}+\boxed{14}}{\boxed{21}}=\frac{\boxed{26}}{\boxed{21}}=\boxed{1}\frac{\boxed{5}}{\boxed{21}}$

kgV $\left(\boxed{7},\boxed{3}\right)=\boxed{21}$

392. $\frac{1}{4} + \frac{2}{7} = \frac{\boxed{7} + \boxed{8}}{\boxed{28}} = \frac{\boxed{15}}{\boxed{28}}$

$\text{kgV}\left(\boxed{4}, \boxed{7}\right) = \boxed{28}$

Wandle in einen gemeinsamen Nenner um, subtrahiere und kürze

393. $\frac{1}{2} - \frac{3}{4} = \frac{\boxed{2} - \boxed{3}}{\boxed{4}} = \frac{\boxed{-1}}{\boxed{4}}$

$\text{kgV}\left(\boxed{2}, \boxed{4}\right) = \boxed{4}$

394. $\frac{1}{9} - \frac{11}{13} = \frac{\boxed{13} - \boxed{99}}{\boxed{117}} = \frac{\boxed{-86}}{\boxed{117}}$

$\text{kgV}\left(\boxed{9}, \boxed{13}\right) = \boxed{117}$

395. $\frac{1}{2} - \frac{5}{7} = \frac{\boxed{7} - \boxed{10}}{\boxed{14}} = \frac{\boxed{-3}}{\boxed{14}}$

$\text{kgV}\left(\boxed{2}, \boxed{7}\right) = \boxed{14}$

396. $\frac{3}{4} - \frac{3}{10} = \frac{\boxed{15} - \boxed{6}}{\boxed{20}} = \frac{\boxed{9}}{\boxed{20}}$

$\text{kgV}\left(\boxed{4}, \boxed{10}\right) = \boxed{20}$

397. $\frac{1}{2} - \frac{2}{3} = \frac{\boxed{3} - \boxed{4}}{\boxed{6}} = \frac{\boxed{-1}}{\boxed{6}}$

$\text{kgV}\left(\boxed{2}, \boxed{3}\right) = \boxed{6}$

398. $\frac{6}{7} - \frac{5}{6} = \frac{\boxed{36} - \boxed{35}}{\boxed{42}} = \frac{\boxed{1}}{\boxed{42}}$

$\text{kgV}\left(\boxed{7}, \boxed{6}\right) = \boxed{42}$

399. $\frac{1}{2} - \frac{4}{5} = \frac{\boxed{5} - \boxed{8}}{\boxed{10}} = \frac{\boxed{-3}}{\boxed{10}}$

$\text{kgV}\left(\boxed{2}, \boxed{5}\right) = \boxed{10}$

400. $\frac{3}{14} - \frac{4}{7} = \frac{\boxed{3} - \boxed{8}}{\boxed{14}} = \frac{\boxed{-5}}{\boxed{14}}$

$\text{kgV}\left(\boxed{14}, \boxed{7}\right) = \boxed{14}$

401. $\frac{4}{5} - \frac{5}{6} = \frac{\boxed{24} - \boxed{25}}{\boxed{30}} = \frac{\boxed{-1}}{\boxed{30}}$

kgV $\left(\boxed{5}, \boxed{6}\right) = \boxed{30}$

402. $\frac{6}{7} - \frac{1}{2} = \frac{\boxed{12} - \boxed{7}}{\boxed{14}} = \frac{\boxed{5}}{\boxed{14}}$

kgV $\left(\boxed{7}, \boxed{2}\right) = \boxed{14}$

403. $\frac{1}{3} - \frac{11}{15} = \frac{\boxed{5} - \boxed{11}}{\boxed{15}} = \frac{\boxed{-6}}{\boxed{15}} = \frac{\boxed{-2}}{\boxed{5}}$

kgV $\left(\boxed{3}, \boxed{15}\right) = \boxed{15}$

404. $\frac{1}{3} - \frac{6}{13} = \frac{\boxed{13} - \boxed{18}}{\boxed{39}} = \frac{\boxed{-5}}{\boxed{39}}$

kgV $\left(\boxed{3}, \boxed{13}\right) = \boxed{39}$

405. $\frac{2}{3} - \frac{1}{5} = \frac{\boxed{10} - \boxed{3}}{\boxed{15}} = \frac{\boxed{7}}{\boxed{15}}$

kgV $\left(\boxed{3}, \boxed{5}\right) = \boxed{15}$

406. $\frac{3}{4} - \frac{1}{16} = \frac{\boxed{12} - \boxed{1}}{\boxed{16}} = \frac{\boxed{11}}{\boxed{16}}$

kgV $\left(\boxed{4}, \boxed{16}\right) = \boxed{16}$

407. $\frac{15}{16} - \frac{11}{13} = \frac{\boxed{195} - \boxed{176}}{\boxed{208}} = \frac{\boxed{19}}{\boxed{208}}$

kgV $\left(\boxed{16}, \boxed{13}\right) = \boxed{208}$

408. $\frac{3}{4} - \frac{11}{14} = \frac{\boxed{21} - \boxed{22}}{\boxed{28}} = \frac{\boxed{-1}}{\boxed{28}}$

kgV $\left(\boxed{4}, \boxed{14}\right) = \boxed{28}$

409. $\frac{5}{8} - \frac{1}{2} = \frac{\boxed{5} - \boxed{4}}{\boxed{8}} = \frac{\boxed{1}}{\boxed{8}}$

kgV $\left(\boxed{8}, \boxed{2}\right) = \boxed{8}$

410. $\frac{1}{2} - \frac{3}{13} = \frac{\boxed{13} - \boxed{6}}{\boxed{26}} = \frac{\boxed{7}}{\boxed{26}}$

kgV $\left(\boxed{2}, \boxed{13}\right) = \boxed{26}$

10. Vergleichen von Brüchen je nach Wert

Vergleiche die Brüche anhand des gleichen Nenners

411. $\frac{3}{5}$ und $\frac{6}{5}$	☑ $\frac{3}{5} < \frac{6}{5}$	☐ $\frac{3}{5} > \frac{6}{5}$
412. $\frac{7}{9}$ und $\frac{3}{9}$	☐ $\frac{7}{9} < \frac{3}{9}$	☑ $\frac{7}{9} > \frac{3}{9}$
413. $\frac{7}{9}$ und $\frac{5}{9}$	☐ $\frac{7}{9} < \frac{5}{9}$	☑ $\frac{7}{9} > \frac{5}{9}$
414. $\frac{2}{3}$ und $\frac{4}{3}$	☑ $\frac{2}{3} < \frac{4}{3}$	☐ $\frac{2}{3} > \frac{4}{3}$
415. $\frac{2}{4}$ und $\frac{3}{4}$	☑ $\frac{2}{4} < \frac{3}{4}$	☐ $\frac{2}{4} > \frac{3}{4}$
416. $\frac{5}{2}$ und $\frac{7}{2}$	☑ $\frac{5}{2} < \frac{7}{2}$	☐ $\frac{5}{2} > \frac{7}{2}$
417. $\frac{3}{9}$ und $\frac{2}{9}$	☐ $\frac{3}{9} < \frac{2}{9}$	☑ $\frac{3}{9} > \frac{2}{9}$
418. $\frac{8}{10}$ und $\frac{3}{10}$	☐ $\frac{8}{10} < \frac{3}{10}$	☑ $\frac{8}{10} > \frac{3}{10}$
419. $\frac{7}{5}$ und $\frac{9}{5}$	☑ $\frac{7}{5} < \frac{9}{5}$	☐ $\frac{7}{5} > \frac{9}{5}$
420. $\frac{6}{5}$ und $\frac{9}{5}$	☑ $\frac{6}{5} < \frac{9}{5}$	☐ $\frac{6}{5} > \frac{9}{5}$
421. $\frac{7}{5}$ und $\frac{9}{5}$	☑ $\frac{7}{5} < \frac{9}{5}$	☐ $\frac{7}{5} > \frac{9}{5}$
422. $\frac{10}{9}$ und $\frac{6}{9}$	☐ $\frac{10}{9} < \frac{6}{9}$	☑ $\frac{10}{9} > \frac{6}{9}$
423. $\frac{6}{3}$ und $\frac{8}{3}$	☑ $\frac{6}{3} < \frac{8}{3}$	☐ $\frac{6}{3} > \frac{8}{3}$
424. $\frac{6}{2}$ und $\frac{8}{2}$	☑ $\frac{6}{2} < \frac{8}{2}$	☐ $\frac{6}{2} > \frac{8}{2}$
425. $\frac{3}{5}$ und $\frac{7}{5}$	☑ $\frac{3}{5} < \frac{7}{5}$	☐ $\frac{3}{5} > \frac{7}{5}$
426. $\frac{9}{6}$ und $\frac{2}{6}$	☐ $\frac{9}{6} < \frac{2}{6}$	☑ $\frac{9}{6} > \frac{2}{6}$
427. $\frac{4}{7}$ und $\frac{8}{7}$	☑ $\frac{4}{7} < \frac{8}{7}$	☐ $\frac{4}{7} > \frac{8}{7}$
428. $\frac{8}{4}$ und $\frac{9}{4}$	☑ $\frac{8}{4} < \frac{9}{4}$	☐ $\frac{8}{4} > \frac{9}{4}$
429. $\frac{7}{9}$ und $\frac{2}{9}$	☐ $\frac{7}{9} < \frac{2}{9}$	☑ $\frac{7}{9} > \frac{2}{9}$

430. $\frac{9}{3}$ und $\frac{10}{3}$ ☑ $\frac{9}{3} < \frac{10}{3}$ ☐ $\frac{9}{3} > \frac{10}{3}$

431. $\frac{8}{3}$ und $\frac{10}{3}$ ☑ $\frac{8}{3} < \frac{10}{3}$ ☐ $\frac{8}{3} > \frac{10}{3}$

432. $\frac{9}{4}$ und $\frac{7}{4}$ ☐ $\frac{9}{4} < \frac{7}{4}$ ☑ $\frac{9}{4} > \frac{7}{4}$

Vergleiche die Brüche anhand des gleichen Nenners II

433. $\frac{5}{6}$ und $\frac{7}{10} = \frac{\boxed{25}}{\boxed{30}}$ und $\frac{\boxed{21}}{\boxed{30}}$ ☐ $\frac{5}{6} < \frac{7}{10}$ ☑ $\frac{5}{6} > \frac{7}{10}$ ☐ $\frac{5}{6} = \frac{7}{10}$

kgV $\left(\boxed{6}, \boxed{10}\right) = \boxed{30}$

434. $\frac{2}{6}$ und $\frac{2}{3} = \frac{\boxed{2}}{\boxed{6}}$ und $\frac{\boxed{4}}{\boxed{6}}$ ☑ $\frac{2}{6} < \frac{2}{3}$ ☐ $\frac{2}{6} > \frac{2}{3}$ ☐ $\frac{2}{6} = \frac{2}{3}$

kgV $\left(\boxed{6}, \boxed{3}\right) = \boxed{6}$

435. $\frac{4}{6}$ und $\frac{6}{9} = \frac{\boxed{12}}{\boxed{18}}$ und $\frac{\boxed{12}}{\boxed{18}}$ ☐ $\frac{4}{6} < \frac{6}{9}$ ☐ $\frac{4}{6} > \frac{6}{9}$ ☑ $\frac{4}{6} = \frac{6}{9}$

kgV $\left(\boxed{6}, \boxed{9}\right) = \boxed{18}$

436. $\frac{2}{5}$ und $\frac{2}{4} = \frac{\boxed{8}}{\boxed{20}}$ und $\frac{\boxed{10}}{\boxed{20}}$ ☑ $\frac{2}{5} < \frac{2}{4}$ ☐ $\frac{2}{5} > \frac{2}{4}$ ☐ $\frac{2}{5} = \frac{2}{4}$

kgV $\left(\boxed{5}, \boxed{4}\right) = \boxed{20}$

437. $\frac{4}{9}$ und $\frac{6}{8} = \frac{\boxed{32}}{\boxed{72}}$ und $\frac{\boxed{54}}{\boxed{72}}$ ☑ $\frac{4}{9} < \frac{6}{8}$ ☐ $\frac{4}{9} > \frac{6}{8}$ ☐ $\frac{4}{9} = \frac{6}{8}$

kgV $\left(\boxed{9}, \boxed{8}\right) = \boxed{72}$

438. $\frac{3}{6}$ und $\frac{3}{5} = \frac{\boxed{15}}{\boxed{30}}$ und $\frac{\boxed{18}}{\boxed{30}}$ ☑ $\frac{3}{6} < \frac{3}{5}$ ☐ $\frac{3}{6} > \frac{3}{5}$ ☐ $\frac{3}{6} = \frac{3}{5}$

kgV $\left(\boxed{6}, \boxed{5}\right) = \boxed{30}$

439. $\frac{4}{5}$ und $\frac{3}{4} = \frac{\boxed{16}}{\boxed{20}}$ und $\frac{\boxed{15}}{\boxed{20}}$ ☐ $\frac{4}{5} < \frac{3}{4}$ ☑ $\frac{4}{5} > \frac{3}{4}$ ☐ $\frac{4}{5} = \frac{3}{4}$

kgV $\left(\boxed{5}, \boxed{4}\right) = \boxed{20}$

440. $\frac{5}{6}$ und $\frac{6}{9} = \frac{\boxed{15}}{\boxed{18}}$ und $\frac{\boxed{12}}{\boxed{18}}$ ☐ $\frac{5}{6} < \frac{6}{9}$ ☑ $\frac{5}{6} > \frac{6}{9}$ ☐ $\frac{5}{6} = \frac{6}{9}$

kgV $\left(\boxed{6}, \boxed{9}\right) = \boxed{18}$

441. $\frac{2}{10}$ und $\frac{2}{3} = \frac{\boxed{6}}{\boxed{30}}$ und $\frac{\boxed{20}}{\boxed{30}}$ ☑ $\frac{2}{10} < \frac{2}{3}$ ☐ $\frac{2}{10} > \frac{2}{3}$ ☐ $\frac{2}{10} = \frac{2}{3}$

kgV $\left(\boxed{10}, \boxed{3}\right) = \boxed{30}$

442. $\frac{7}{9}$ und $\frac{2}{7} = \frac{\boxed{49}}{\boxed{63}}$ und $\frac{\boxed{18}}{\boxed{63}}$ ☐ $\frac{7}{9} < \frac{2}{7}$ ☑ $\frac{7}{9} > \frac{2}{7}$ ☐ $\frac{7}{9} = \frac{2}{7}$

kgV $\left(\boxed{9}, \boxed{7}\right) = \boxed{63}$

443. $\frac{6}{8}$ und $\frac{2}{3} = \frac{\boxed{18}}{\boxed{24}}$ und $\frac{\boxed{16}}{\boxed{24}}$ ☐ $\frac{6}{8} < \frac{2}{3}$ ☑ $\frac{6}{8} > \frac{2}{3}$ ☐ $\frac{6}{8} = \frac{2}{3}$

kgV $\left(\boxed{8}, \boxed{3}\right) = \boxed{24}$

444. $\frac{4}{5}$ und $\frac{3}{8} = \frac{\boxed{32}}{\boxed{40}}$ und $\frac{\boxed{15}}{\boxed{40}}$ ☐ $\frac{4}{5} < \frac{3}{8}$ ☑ $\frac{4}{5} > \frac{3}{8}$ ☐ $\frac{4}{5} = \frac{3}{8}$

kgV $\left(\boxed{5}, \boxed{8}\right) = \boxed{40}$

445. $\frac{2}{2}$ und $\frac{3}{4} = \frac{\boxed{4}}{\boxed{4}}$ und $\frac{\boxed{3}}{\boxed{4}}$ ☐ $\frac{2}{2} < \frac{3}{4}$ ☑ $\frac{2}{2} > \frac{3}{4}$ ☐ $\frac{2}{2} = \frac{3}{4}$

kgV $\left(\boxed{2}, \boxed{4}\right) = \boxed{4}$

446. $\frac{5}{10}$ und $\frac{2}{3} = \frac{\boxed{15}}{\boxed{30}}$ und $\frac{\boxed{20}}{\boxed{30}}$ ☑ $\frac{5}{10} < \frac{2}{3}$ ☐ $\frac{5}{10} > \frac{2}{3}$ ☐ $\frac{5}{10} = \frac{2}{3}$

kgV $\left(\boxed{10}, \boxed{3}\right) = \boxed{30}$

447. $\frac{3}{8}$ und $\frac{5}{7} = \frac{\boxed{21}}{\boxed{56}}$ und $\frac{\boxed{40}}{\boxed{56}}$ ☑ $\frac{3}{8} < \frac{5}{7}$ ☐ $\frac{3}{8} > \frac{5}{7}$ ☐ $\frac{3}{8} = \frac{5}{7}$

kgV $\left(\boxed{8}, \boxed{7}\right) = \boxed{56}$

448. $\frac{5}{9}$ und $\frac{2}{5} = \frac{\boxed{25}}{\boxed{45}}$ und $\frac{\boxed{18}}{\boxed{45}}$ ☐ $\frac{5}{9} < \frac{2}{5}$ ☑ $\frac{5}{9} > \frac{2}{5}$ ☐ $\frac{5}{9} = \frac{2}{5}$

kgV $\left(\boxed{9}, \boxed{5}\right) = \boxed{45}$

449. $\frac{8}{10}$ und $\frac{4}{6} = \frac{\boxed{24}}{\boxed{30}}$ und $\frac{\boxed{20}}{\boxed{30}}$ ☐ $\frac{8}{10} < \frac{4}{6}$ ☑ $\frac{8}{10} > \frac{4}{6}$ ☐ $\frac{8}{10} = \frac{4}{6}$

kgV $\left(\boxed{10}, \boxed{6}\right) = \boxed{30}$

450. $\frac{2}{5}$ und $\frac{3}{6} = \frac{\boxed{12}}{\boxed{30}}$ und $\frac{\boxed{15}}{\boxed{30}}$ ☑ $\frac{2}{5} < \frac{3}{6}$ ☐ $\frac{2}{5} > \frac{3}{6}$ ☐ $\frac{2}{5} = \frac{3}{6}$

kgV $\left(\boxed{5}, \boxed{6}\right) = \boxed{30}$

Vergleiche die Brüche anhand des gleichen Zählers

451. $\frac{6}{10}$ und $\frac{6}{2}$	☐ $\frac{6}{10} > \frac{6}{2}$	☑ $\frac{6}{10} < \frac{6}{2}$
452. $\frac{5}{6}$ und $\frac{5}{4}$	☐ $\frac{5}{6} > \frac{5}{4}$	☑ $\frac{5}{6} < \frac{5}{4}$
453. $\frac{3}{4}$ und $\frac{3}{5}$	☑ $\frac{3}{4} > \frac{3}{5}$	☐ $\frac{3}{4} < \frac{3}{5}$
454. $\frac{9}{5}$ und $\frac{9}{8}$	☑ $\frac{9}{5} > \frac{9}{8}$	☐ $\frac{9}{5} < \frac{9}{8}$
455. $\frac{6}{10}$ und $\frac{6}{4}$	☐ $\frac{6}{10} > \frac{6}{4}$	☑ $\frac{6}{10} < \frac{6}{4}$
456. $\frac{9}{5}$ und $\frac{9}{6}$	☑ $\frac{9}{5} > \frac{9}{6}$	☐ $\frac{9}{5} < \frac{9}{6}$
457. $\frac{7}{4}$ und $\frac{7}{10}$	☑ $\frac{7}{4} > \frac{7}{10}$	☐ $\frac{7}{4} < \frac{7}{10}$
458. $\frac{4}{7}$ und $\frac{4}{10}$	☑ $\frac{4}{7} > \frac{4}{10}$	☐ $\frac{4}{7} < \frac{4}{10}$
459. $\frac{9}{7}$ und $\frac{9}{4}$	☐ $\frac{9}{7} > \frac{9}{4}$	☑ $\frac{9}{7} < \frac{9}{4}$
460. $\frac{3}{6}$ und $\frac{3}{7}$	☑ $\frac{3}{6} > \frac{3}{7}$	☐ $\frac{3}{6} < \frac{3}{7}$
461. $\frac{2}{10}$ und $\frac{2}{6}$	☐ $\frac{2}{10} > \frac{2}{6}$	☑ $\frac{2}{10} < \frac{2}{6}$
462. $\frac{7}{9}$ und $\frac{7}{8}$	☐ $\frac{7}{9} > \frac{7}{8}$	☑ $\frac{7}{9} < \frac{7}{8}$
463. $\frac{10}{8}$ und $\frac{10}{5}$	☐ $\frac{10}{8} > \frac{10}{5}$	☑ $\frac{10}{8} < \frac{10}{5}$
464. $\frac{7}{4}$ und $\frac{7}{9}$	☑ $\frac{7}{4} > \frac{7}{9}$	☐ $\frac{7}{4} < \frac{7}{9}$
465. $\frac{9}{2}$ und $\frac{9}{3}$	☑ $\frac{9}{2} > \frac{9}{3}$	☐ $\frac{9}{2} < \frac{9}{3}$
466. $\frac{10}{8}$ und $\frac{10}{5}$	☐ $\frac{10}{8} > \frac{10}{5}$	☑ $\frac{10}{8} < \frac{10}{5}$
467. $\frac{9}{4}$ und $\frac{9}{8}$	☑ $\frac{9}{4} > \frac{9}{8}$	☐ $\frac{9}{4} < \frac{9}{8}$
468. $\frac{10}{7}$ und $\frac{10}{2}$	☐ $\frac{10}{7} > \frac{10}{2}$	☑ $\frac{10}{7} < \frac{10}{2}$
469. $\frac{3}{6}$ und $\frac{3}{7}$	☑ $\frac{3}{6} > \frac{3}{7}$	☐ $\frac{3}{6} < \frac{3}{7}$
470. $\frac{2}{5}$ und $\frac{2}{10}$	☑ $\frac{2}{5} > \frac{2}{10}$	☐ $\frac{2}{5} < \frac{2}{10}$

471. $\frac{10}{9}$ und $\frac{10}{6}$ ☐ $\frac{10}{9} > \frac{10}{6}$ ☑ $\frac{10}{9} < \frac{10}{6}$

472. $\frac{8}{5}$ und $\frac{8}{6}$ ☑ $\frac{8}{5} > \frac{8}{6}$ ☐ $\frac{8}{5} < \frac{8}{6}$

Vergleiche die Brüche anhand des gleichen Zählers II

473. $\frac{10}{4}$ und $\frac{2}{2} = \frac{\boxed{10}}{\boxed{4}}$ und $\frac{\boxed{10}}{\boxed{10}}$ ☑ $\frac{10}{4} > \frac{2}{2}$ ☐ $\frac{10}{4} < \frac{2}{2}$ ☐ $\frac{10}{4} = \frac{2}{2}$

kgV$\left(\boxed{10}, \boxed{2}\right) = \boxed{10}$

474. $\frac{6}{3}$ und $\frac{5}{2} = \frac{\boxed{30}}{\boxed{15}}$ und $\frac{\boxed{30}}{\boxed{12}}$ ☐ $\frac{6}{3} > \frac{5}{2}$ ☑ $\frac{6}{3} < \frac{5}{2}$ ☐ $\frac{6}{3} = \frac{5}{2}$

kgV$\left(\boxed{6}, \boxed{5}\right) = \boxed{30}$

475. $\frac{10}{9}$ und $\frac{4}{3} = \frac{\boxed{20}}{\boxed{18}}$ und $\frac{\boxed{20}}{\boxed{15}}$ ☐ $\frac{10}{9} > \frac{4}{3}$ ☑ $\frac{10}{9} < \frac{4}{3}$ ☐ $\frac{10}{9} = \frac{4}{3}$

kgV$\left(\boxed{10}, \boxed{4}\right) = \boxed{20}$

476. $\frac{8}{4}$ und $\frac{2}{2} = \frac{\boxed{8}}{\boxed{4}}$ und $\frac{\boxed{8}}{\boxed{8}}$ ☑ $\frac{8}{4} > \frac{2}{2}$ ☐ $\frac{8}{4} < \frac{2}{2}$ ☐ $\frac{8}{4} = \frac{2}{2}$

kgV$\left(\boxed{8}, \boxed{2}\right) = \boxed{8}$

477. $\frac{5}{4}$ und $\frac{3}{2} = \frac{\boxed{15}}{\boxed{12}}$ und $\frac{\boxed{15}}{\boxed{10}}$ ☐ $\frac{5}{4} > \frac{3}{2}$ ☑ $\frac{5}{4} < \frac{3}{2}$ ☐ $\frac{5}{4} = \frac{3}{2}$

kgV$\left(\boxed{5}, \boxed{3}\right) = \boxed{15}$

478. $\frac{3}{2}$ und $\frac{2}{2} = \frac{\boxed{6}}{\boxed{4}}$ und $\frac{\boxed{6}}{\boxed{6}}$ ☑ $\frac{3}{2} > \frac{2}{2}$ ☐ $\frac{3}{2} < \frac{2}{2}$ ☐ $\frac{3}{2} = \frac{2}{2}$

kgV$\left(\boxed{3}, \boxed{2}\right) = \boxed{6}$

479. $\frac{6}{2}$ und $\frac{6}{2} = \frac{\boxed{6}}{\boxed{2}}$ und $\frac{\boxed{6}}{\boxed{2}}$ ☐ $\frac{6}{2} > \frac{6}{2}$ ☐ $\frac{6}{2} < \frac{6}{2}$ ☑ $\frac{6}{2} = \frac{6}{2}$

kgV$\left(\boxed{6}, \boxed{6}\right) = \boxed{6}$

480. $\frac{8}{4}$ und $\frac{10}{3} = \frac{\boxed{40}}{\boxed{20}}$ und $\frac{\boxed{40}}{\boxed{12}}$ ☐ $\frac{8}{4} > \frac{10}{3}$ ☑ $\frac{8}{4} < \frac{10}{3}$ ☐ $\frac{8}{4} = \frac{10}{3}$

kgV$\left(\boxed{8}, \boxed{10}\right) = \boxed{40}$

481. $\frac{9}{8}$ und $\frac{10}{8} = \frac{\boxed{90}}{\boxed{80}}$ und $\frac{\boxed{90}}{\boxed{72}}$ ☐ $\frac{9}{8} > \frac{10}{8}$ ☑ $\frac{9}{8} < \frac{10}{8}$ ☐ $\frac{9}{8} = \frac{10}{8}$

kgV$\left(\boxed{9}, \boxed{10}\right) = \boxed{90}$

482. $\frac{5}{2}$ und $\frac{7}{3} = \frac{\boxed{35}}{\boxed{14}}$ und $\frac{\boxed{35}}{\boxed{15}}$ ☑ $\frac{5}{2} > \frac{7}{3}$ ☐ $\frac{5}{2} < \frac{7}{3}$ ☐ $\frac{5}{2} = \frac{7}{3}$

kgV$\left(\boxed{5}, \boxed{7}\right) = \boxed{35}$

483. $\frac{6}{5}$ und $\frac{8}{5} = \frac{\boxed{24}}{\boxed{20}}$ und $\frac{\boxed{24}}{\boxed{15}}$ ☐ $\frac{6}{5} > \frac{8}{5}$ ☑ $\frac{6}{5} < \frac{8}{5}$ ☐ $\frac{6}{5} = \frac{8}{5}$

kgV$\left(\boxed{6}, \boxed{8}\right) = \boxed{24}$

484. $\frac{3}{2}$ und $\frac{8}{2} = \frac{\boxed{24}}{\boxed{16}}$ und $\frac{\boxed{24}}{\boxed{6}}$ ☐ $\frac{3}{2} > \frac{8}{2}$ ☑ $\frac{3}{2} < \frac{8}{2}$ ☐ $\frac{3}{2} = \frac{8}{2}$

kgV$\left(\boxed{3}, \boxed{8}\right) = \boxed{24}$

485. $\frac{3}{2}$ und $\frac{5}{3} = \frac{\boxed{15}}{\boxed{10}}$ und $\frac{\boxed{15}}{\boxed{9}}$ ☐ $\frac{3}{2} > \frac{5}{3}$ ☑ $\frac{3}{2} < \frac{5}{3}$ ☐ $\frac{3}{2} = \frac{5}{3}$

kgV$\left(\boxed{3}, \boxed{5}\right) = \boxed{15}$

486. $\frac{5}{3}$ und $\frac{8}{4} = \frac{\boxed{40}}{\boxed{24}}$ und $\frac{\boxed{40}}{\boxed{20}}$ ☐ $\frac{5}{3} > \frac{8}{4}$ ☑ $\frac{5}{3} < \frac{8}{4}$ ☐ $\frac{5}{3} = \frac{8}{4}$

kgV$\left(\boxed{5}, \boxed{8}\right) = \boxed{40}$

487. $\frac{5}{3}$ und $\frac{4}{2} = \frac{\boxed{20}}{\boxed{12}}$ und $\frac{\boxed{20}}{\boxed{10}}$ ☐ $\frac{5}{3} > \frac{4}{2}$ ☑ $\frac{5}{3} < \frac{4}{2}$ ☐ $\frac{5}{3} = \frac{4}{2}$

kgV$\left(\boxed{5}, \boxed{4}\right) = \boxed{20}$

488. $\frac{2}{2}$ und $\frac{3}{2} = \frac{\boxed{6}}{\boxed{6}}$ und $\frac{\boxed{6}}{\boxed{4}}$ ☐ $\frac{2}{2} > \frac{3}{2}$ ☑ $\frac{2}{2} < \frac{3}{2}$ ☐ $\frac{2}{2} = \frac{3}{2}$

kgV$\left(\boxed{2}, \boxed{3}\right) = \boxed{6}$

489. $\frac{2}{2}$ und $\frac{2}{2} = \frac{\boxed{2}}{\boxed{2}}$ und $\frac{\boxed{2}}{\boxed{2}}$ ☐ $\frac{2}{2} > \frac{2}{2}$ ☐ $\frac{2}{2} < \frac{2}{2}$ ☑ $\frac{2}{2} = \frac{2}{2}$

kgV$\left(\boxed{2}, \boxed{2}\right) = \boxed{2}$

490. $\frac{10}{2}$ und $\frac{9}{7} = \frac{\boxed{90}}{\boxed{18}}$ und $\frac{\boxed{90}}{\boxed{70}}$ ☑ $\frac{10}{2} > \frac{9}{7}$ ☐ $\frac{10}{2} < \frac{9}{7}$ ☐ $\frac{10}{2} = \frac{9}{7}$

kgV$\left(\boxed{10}, \boxed{9}\right) = \boxed{90}$

Vergleiche die Brüche durch Umwandlung in Dezimalzahlen, runde auf Hundertstel

491. $\frac{3}{4}$ und $\frac{3}{6}$ $\boxed{0.75}$ und $\boxed{0.5}$

☐ $\frac{4}{3} < \frac{6}{3}$ ☑ $\frac{4}{3} > \frac{6}{3}$ ☐ $\frac{4}{3} = \frac{6}{3}$

492. $\frac{6}{9}$ und $\frac{9}{10}$ $\boxed{0.67}$ und $\boxed{0.9}$

☑ $\frac{9}{6} < \frac{10}{9}$ ☐ $\frac{9}{6} > \frac{10}{9}$ ☐ $\frac{9}{6} = \frac{10}{9}$

493. $\frac{2}{6}$ und $\frac{2}{3}$ $\boxed{0.33}$ und $\boxed{0.67}$

☑ $\frac{6}{2} < \frac{3}{2}$ ☐ $\frac{6}{2} > \frac{3}{2}$ ☐ $\frac{6}{2} = \frac{3}{2}$

494. $\frac{4}{8}$ und $\frac{7}{9}$ $\boxed{0.5}$ und $\boxed{0.78}$

☑ $\frac{8}{4} < \frac{9}{7}$ ☐ $\frac{8}{4} > \frac{9}{7}$ ☐ $\frac{8}{4} = \frac{9}{7}$

495. $\frac{5}{7}$ und $\frac{2}{2}$ $\boxed{0.71}$ und $\boxed{1}$

☑ $\frac{7}{5} < \frac{2}{2}$ ☐ $\frac{7}{5} > \frac{2}{2}$ ☐ $\frac{7}{5} = \frac{2}{2}$

496. $\frac{6}{7}$ und $\frac{4}{5}$ $\boxed{0.86}$ und $\boxed{0.8}$

☐ $\frac{7}{6} < \frac{5}{4}$ ☑ $\frac{7}{6} > \frac{5}{4}$ ☐ $\frac{7}{6} = \frac{5}{4}$

497. $\frac{8}{10}$ und $\frac{2}{4}$ $\boxed{0.8}$ und $\boxed{0.5}$

☐ $\frac{10}{8} < \frac{4}{2}$ ☑ $\frac{10}{8} > \frac{4}{2}$ ☐ $\frac{10}{8} = \frac{4}{2}$

498. $\frac{2}{3}$ und $\frac{2}{2}$ $\boxed{0.67}$ und $\boxed{1}$

☑ $\frac{3}{2} < \frac{2}{2}$ ☐ $\frac{3}{2} > \frac{2}{2}$ ☐ $\frac{3}{2} = \frac{2}{2}$

499. $\frac{2}{4}$ und $\frac{6}{7}$ $\boxed{0.5}$ und $\boxed{0.86}$

☑ $\frac{4}{2} < \frac{7}{6}$ ☐ $\frac{4}{2} > \frac{7}{6}$ ☐ $\frac{4}{2} = \frac{7}{6}$

500. $\frac{2}{4}$ und $\frac{2}{2}$ $\boxed{0.5}$ und $\boxed{1}$

☑ $\frac{4}{2} < \frac{2}{2}$ ☐ $\frac{4}{2} > \frac{2}{2}$ ☐ $\frac{4}{2} = \frac{2}{2}$

501. $\frac{3}{10}$ und $\frac{2}{3}$ $\boxed{0.3}$ und $\boxed{0.67}$

☑ $\frac{10}{3} < \frac{3}{2}$ ☐ $\frac{10}{3} > \frac{3}{2}$ ☐ $\frac{10}{3} = \frac{3}{2}$

502. $\frac{4}{6}$ und $\frac{2}{3}$ $\boxed{0.67}$ und $\boxed{0.67}$

☐ $\frac{6}{4} < \frac{3}{2}$ ☐ $\frac{6}{4} > \frac{3}{2}$ ☑ $\frac{6}{4} = \frac{3}{2}$

503. $\frac{4}{5}$ und $\frac{2}{3}$ $\boxed{0.8}$ und $\boxed{0.67}$

☐ $\frac{5}{4} < \frac{3}{2}$ ☑ $\frac{5}{4} > \frac{3}{2}$ ☐ $\frac{5}{4} = \frac{3}{2}$

504. $\frac{2}{9}$ und $\frac{2}{2}$ $\boxed{0.22}$ und $\boxed{1}$

☑ $\frac{9}{2} < \frac{2}{2}$ ☐ $\frac{9}{2} > \frac{2}{2}$ ☐ $\frac{9}{2} = \frac{2}{2}$

505. $\frac{3}{4}$ und $\frac{4}{5}$ $\boxed{0.75}$ und $\boxed{0.8}$

☑ $\frac{4}{3} < \frac{5}{4}$ ☐ $\frac{4}{3} > \frac{5}{4}$ ☐ $\frac{4}{3} = \frac{5}{4}$

506. $\frac{6}{7}$ und $\frac{5}{7}$ $\boxed{0.86}$ und $\boxed{0.71}$

☐ $\frac{7}{6} < \frac{7}{5}$ ☑ $\frac{7}{6} > \frac{7}{5}$ ☐ $\frac{7}{6} = \frac{7}{5}$

11. Rechnen über Kreuz

Vergleiche die Brüche über Kreuz

507. $\frac{2}{5}$ und $\frac{2}{5}$ $\boxed{5} \cdot \boxed{2}$ und $\boxed{5} \cdot \boxed{2}$ $\boxed{10}$ und $\boxed{10}$

☐ $\frac{2}{5} \neq \frac{2}{5}$ ☑ $\frac{2}{5} = \frac{2}{5}$

508. $\frac{2}{6}$ und $\frac{4}{12}$ $\boxed{6} \cdot \boxed{4}$ und $\boxed{12} \cdot \boxed{2}$ $\boxed{24}$ und $\boxed{24}$

☐ $\frac{2}{6} \neq \frac{4}{12}$ ☑ $\frac{2}{6} = \frac{4}{12}$

509. $\frac{8}{10}$ und $\frac{4}{9}$ $\boxed{10} \cdot \boxed{4}$ und $\boxed{9} \cdot \boxed{8}$ $\boxed{40}$ und $\boxed{72}$

☑ $\frac{8}{10} \neq \frac{4}{9}$ ☐ $\frac{8}{10} = \frac{4}{9}$

510. $\frac{2}{3}$ und $\frac{7}{10}$ $\boxed{3} \cdot \boxed{7}$ und $\boxed{10} \cdot \boxed{2}$ $\boxed{21}$ und $\boxed{20}$

☑ $\frac{2}{3} \neq \frac{7}{10}$ ☐ $\frac{2}{3} = \frac{7}{10}$

511. $\frac{2}{2}$ und $\frac{2}{6}$ $\boxed{2} \cdot \boxed{2}$ und $\boxed{6} \cdot \boxed{2}$ $\boxed{4}$ und $\boxed{12}$

☑ $\frac{2}{2} \neq \frac{2}{6}$ ☐ $\frac{2}{2} = \frac{2}{6}$

512. $\frac{3}{10}$ und $\frac{4}{8}$ $\boxed{10} \cdot \boxed{4}$ und $\boxed{8} \cdot \boxed{3}$ $\boxed{40}$ und $\boxed{24}$

☑ $\frac{3}{10} \neq \frac{4}{8}$ ☐ $\frac{3}{10} = \frac{4}{8}$

513. $\frac{4}{5}$ und $\frac{9}{10}$ $\boxed{5} \cdot \boxed{9}$ und $\boxed{10} \cdot \boxed{4}$ $\boxed{45}$ und $\boxed{40}$

☑ $\frac{4}{5} \neq \frac{9}{10}$ ☐ $\frac{4}{5} = \frac{9}{10}$

514. $\frac{2}{9}$ und $\frac{4}{18}$ $\boxed{9} \cdot \boxed{4}$ und $\boxed{18} \cdot \boxed{2}$ $\boxed{36}$ und $\boxed{36}$

☐ $\frac{2}{9} \neq \frac{4}{18}$ ☑ $\frac{2}{9} = \frac{4}{18}$

515. $\frac{3}{5}$ und $\frac{2}{3}$ $\boxed{5} \cdot \boxed{2}$ und $\boxed{3} \cdot \boxed{3}$ $\boxed{10}$ und $\boxed{9}$

☑ $\frac{3}{5} \neq \frac{2}{3}$ ☐ $\frac{3}{5} = \frac{2}{3}$

516. $\frac{5}{10}$ und $\frac{5}{9}$ $\boxed{10} \cdot \boxed{5}$ und $\boxed{9} \cdot \boxed{5}$ $\boxed{50}$ und $\boxed{45}$

☑ $\frac{5}{10} \neq \frac{5}{9}$ ☐ $\frac{5}{10} = \frac{5}{9}$

517. $\frac{2}{2}$ und $\frac{3}{4}$ $\boxed{2} \cdot \boxed{3}$ und $\boxed{4} \cdot \boxed{2}$ $\boxed{6}$ und $\boxed{8}$

☑ $\frac{2}{2} \neq \frac{3}{4}$ ☐ $\frac{2}{2} = \frac{3}{4}$

518. $\frac{3}{8}$ und $\frac{5}{6}$ $\boxed{8} \cdot \boxed{5}$ und $\boxed{6} \cdot \boxed{3}$ $\boxed{40}$ und $\boxed{18}$

☑ $\frac{3}{8} \neq \frac{5}{6}$ ☐ $\frac{3}{8} = \frac{5}{6}$

519. $\frac{5}{5}$ und $\frac{2}{2}$ $\boxed{5} \cdot \boxed{2}$ und $\boxed{2} \cdot \boxed{5}$ $\boxed{10}$ und $\boxed{10}$

☐ $\frac{5}{5} \neq \frac{2}{2}$ ☑ $\frac{5}{5} = \frac{2}{2}$

520. $\frac{4}{10}$ und $\frac{2}{5}$ $\boxed{10} \cdot \boxed{2}$ und $\boxed{5} \cdot \boxed{4}$ $\boxed{20}$ und $\boxed{20}$

☐ $\frac{4}{10} \neq \frac{2}{5}$ ☑ $\frac{4}{10} = \frac{2}{5}$

521. $\frac{2}{3}$ und $\frac{3}{5}$ $\boxed{3} \cdot \boxed{3}$ und $\boxed{5} \cdot \boxed{2}$ $\boxed{9}$ und $\boxed{10}$

☑ $\frac{2}{3} \neq \frac{3}{5}$ ☐ $\frac{2}{3} = \frac{3}{5}$

522. $\frac{2}{3}$ und $\frac{4}{5}$ $\boxed{3} \cdot \boxed{4}$ und $\boxed{5} \cdot \boxed{2}$ $\boxed{12}$ und $\boxed{10}$

☑ $\frac{2}{3} \neq \frac{4}{5}$ ☐ $\frac{2}{3} = \frac{4}{5}$

Berechne x über Kreuz

523. $\frac{3}{4} = \frac{12}{x}$ $x = \frac{\boxed{4} \cdot \boxed{12}}{\boxed{3}} = \boxed{16}$

524. $\frac{4}{7} = \frac{20}{x}$ $x = \frac{\boxed{7} \cdot \boxed{20}}{\boxed{4}} = \boxed{35}$

525. $\frac{8}{10} = \frac{x}{20}$ $x = \frac{\boxed{20} \cdot \boxed{8}}{\boxed{10}} = \boxed{16}$

526. $\frac{3}{8} = \frac{9}{x}$ $x = \frac{\boxed{8} \cdot \boxed{9}}{\boxed{3}} = \boxed{24}$

527. $\frac{12}{x} = \frac{4}{9}$ $x = \frac{\boxed{9} \cdot \boxed{12}}{\boxed{4}} = \boxed{27}$

528. $\frac{8}{x} = \frac{2}{2}$ $x = \frac{\boxed{2} \cdot \boxed{8}}{\boxed{2}} = \boxed{8}$

529. $\frac{7}{10} = \frac{x}{50}$ $x = \frac{\boxed{50} \cdot \boxed{7}}{\boxed{10}} = \boxed{35}$

530. $\frac{4}{10} = \frac{20}{x}$ $x = \frac{\boxed{10} \cdot \boxed{20}}{\boxed{4}} = \boxed{50}$

531. $\frac{10}{x} = \frac{2}{3}$ $x = \frac{\boxed{3} \cdot \boxed{10}}{\boxed{2}} = \boxed{15}$

532. $\frac{8}{x} = \frac{2}{5}$ $x = \frac{\boxed{5} \cdot \boxed{8}}{\boxed{2}} = \boxed{20}$

533. $\frac{3}{6} = \frac{9}{x}$ $x = \frac{\boxed{6} \cdot \boxed{9}}{\boxed{3}} = \boxed{18}$

534. $\frac{15}{x} = \frac{3}{4}$ $x = \frac{\boxed{4} \cdot \boxed{15}}{\boxed{3}} = \boxed{20}$

535. $\frac{12}{x}=\frac{4}{10}\quad x=\frac{\boxed{10}\cdot\boxed{12}}{\boxed{4}}=\boxed{30}$ **537.** $\frac{2}{5}=\frac{x}{20}\quad x=\frac{\boxed{20}\cdot\boxed{2}}{\boxed{5}}=\boxed{8}$

536. $\frac{x}{18}=\frac{5}{6}\quad x=\frac{\boxed{18}\cdot\boxed{5}}{\boxed{6}}=\boxed{15}$ **538.** $\frac{12}{x}=\frac{3}{5}\quad x=\frac{\boxed{5}\cdot\boxed{12}}{\boxed{3}}=\boxed{20}$

12. Summe und Differenz gemischter Zahlen (Variante I)

Addiere oder subtrahiere die gemischten Zahlen

539. $4\frac{1}{5}+4\frac{1}{5}=$

$$=\frac{\boxed{4}\cdot\boxed{5}+\boxed{1}}{\boxed{5}}+\frac{\boxed{4}\cdot\boxed{5}+\boxed{1}}{\boxed{5}}=\frac{\boxed{21}+\boxed{21}}{\boxed{5}}=\frac{\boxed{42}}{\boxed{5}}=\boxed{8}\frac{\boxed{2}}{\boxed{5}}$$

$\text{kgV}\left(\boxed{5},\boxed{5}\right)=\boxed{5}\qquad \text{ggT}\left(\boxed{42},\boxed{5}\right)=\boxed{1}$

540. $\frac{2}{3}+1\frac{5}{6}=$

$$=\frac{\boxed{2}}{\boxed{3}}+\frac{\boxed{1}\cdot\boxed{6}+\boxed{5}}{\boxed{6}}=\frac{\boxed{4}+\boxed{11}}{\boxed{6}}=\frac{\boxed{15}}{\boxed{6}}=\boxed{2}\frac{\boxed{1}}{\boxed{2}}$$

$\text{kgV}\left(\boxed{3},\boxed{6}\right)=\boxed{6}\qquad \text{ggT}\left(\boxed{15},\boxed{6}\right)=\boxed{3}$

541. $4\frac{1}{4}-1\frac{2}{8}=$

$$=\frac{\boxed{4}\cdot\boxed{4}+\boxed{1}}{\boxed{4}}-\frac{\boxed{1}\cdot\boxed{8}+\boxed{2}}{\boxed{8}}=\frac{\boxed{34}-\boxed{10}}{\boxed{8}}=\frac{\boxed{24}}{\boxed{8}}=\boxed{3}$$

$\text{kgV}\left(\boxed{4},\boxed{8}\right)=\boxed{8}\qquad \text{ggT}\left(\boxed{24},\boxed{8}\right)=\boxed{8}$

542. $2\frac{1}{5}-1\frac{1}{10}=$

$$=\frac{\boxed{2}\cdot\boxed{5}+\boxed{1}}{\boxed{5}}-\frac{\boxed{1}\cdot\boxed{10}+\boxed{1}}{\boxed{10}}=\frac{\boxed{22}-\boxed{11}}{\boxed{10}}=\frac{\boxed{11}}{\boxed{10}}=\boxed{1}\frac{\boxed{1}}{\boxed{10}}$$

$\text{kgV}\left(\boxed{5},\boxed{10}\right)=\boxed{10}\qquad \text{ggT}\left(\boxed{11},\boxed{10}\right)=\boxed{1}$

543. $3\frac{4}{5}+1\frac{8}{9}=$

$$=\frac{\boxed{3}\cdot\boxed{5}+\boxed{4}}{\boxed{5}}+\frac{\boxed{1}\cdot\boxed{9}+\boxed{8}}{\boxed{9}}=\frac{\boxed{171}+\boxed{85}}{\boxed{45}}=\frac{\boxed{256}}{\boxed{45}}=\boxed{5}\frac{\boxed{31}}{\boxed{45}}$$

$\text{kgV}\left(\boxed{5},\boxed{9}\right)=\boxed{45}\qquad \text{ggT}\left(\boxed{256},\boxed{45}\right)=\boxed{1}$

544. $4\frac{1}{2} + 6\frac{2}{3} =$

$$= \frac{\boxed{4}\cdot\boxed{2}+\boxed{1}}{\boxed{2}} + \frac{\boxed{6}\cdot\boxed{3}+\boxed{2}}{\boxed{3}} = \frac{\boxed{27}+\boxed{40}}{\boxed{6}} = \frac{\boxed{67}}{\boxed{6}} = \boxed{11}\,\frac{\boxed{1}}{\boxed{6}}$$

$$\text{kgV}\left(\boxed{2},\boxed{3}\right) = \boxed{6} \qquad \text{ggT}\left(\boxed{67},\boxed{6}\right) = \boxed{1}$$

545. $4\frac{2}{3} - 1\frac{3}{7} =$

$$= \frac{\boxed{4}\cdot\boxed{3}+\boxed{2}}{\boxed{3}} - \frac{\boxed{1}\cdot\boxed{7}+\boxed{3}}{\boxed{7}} = \frac{\boxed{98}-\boxed{30}}{\boxed{21}} = \frac{\boxed{68}}{\boxed{21}} = \boxed{3}\,\frac{\boxed{5}}{\boxed{21}}$$

$$\text{kgV}\left(\boxed{3},\boxed{7}\right) = \boxed{21} \qquad \text{ggT}\left(\boxed{68},\boxed{21}\right) = \boxed{1}$$

546. $2\frac{2}{3} + 1\frac{9}{10} =$

$$= \frac{\boxed{2}\cdot\boxed{3}+\boxed{2}}{\boxed{3}} + \frac{\boxed{1}\cdot\boxed{10}+\boxed{9}}{\boxed{10}} = \frac{\boxed{80}+\boxed{57}}{\boxed{30}} = \frac{\boxed{137}}{\boxed{30}} = \boxed{4}\,\frac{\boxed{17}}{\boxed{30}}$$

$$\text{kgV}\left(\boxed{3},\boxed{10}\right) = \boxed{30} \qquad \text{ggT}\left(\boxed{137},\boxed{30}\right) = \boxed{1}$$

547. $1\frac{2}{9} - 1\frac{5}{10} =$

$$= \frac{\boxed{1}\cdot\boxed{9}+\boxed{2}}{\boxed{9}} - \frac{\boxed{1}\cdot\boxed{10}+\boxed{5}}{\boxed{10}} = \frac{\boxed{110}-\boxed{135}}{\boxed{90}} = \frac{\boxed{-25}}{\boxed{90}} = \frac{\boxed{-5}}{\boxed{18}}$$

$$\text{kgV}\left(\boxed{9},\boxed{10}\right) = \boxed{90} \qquad \text{ggT}\left(\boxed{25},\boxed{90}\right) = \boxed{5}$$

548. $1\frac{5}{9} - 1\frac{3}{10} =$

$$= \frac{\boxed{1}\cdot\boxed{9}+\boxed{5}}{\boxed{9}} - \frac{\boxed{1}\cdot\boxed{10}+\boxed{3}}{\boxed{10}} = \frac{\boxed{140}-\boxed{117}}{\boxed{90}} = \frac{\boxed{23}}{\boxed{90}}$$

$$\text{kgV}\left(\boxed{9},\boxed{10}\right) = \boxed{90} \qquad \text{ggT}\left(\boxed{23},\boxed{90}\right) = \boxed{1}$$

549. $\frac{1}{6} - 3\frac{2}{6} =$

$$= \frac{\boxed{1}}{\boxed{6}} - \frac{\boxed{3}\cdot\boxed{6}+\boxed{2}}{\boxed{6}} = \frac{\boxed{1}-\boxed{20}}{\boxed{6}} = \frac{\boxed{-19}}{\boxed{6}} = \boxed{-3}\,\frac{\boxed{1}}{\boxed{6}}$$

$$\text{kgV}\left(\boxed{6},\boxed{6}\right) = \boxed{6} \qquad \text{ggT}\left(\boxed{19},\boxed{6}\right) = \boxed{1}$$

550. $1\frac{6}{9} + 4\frac{1}{4} =$

$$= \frac{\boxed{1}\cdot\boxed{9}+\boxed{6}}{\boxed{9}} + \frac{\boxed{4}\cdot\boxed{4}+\boxed{1}}{\boxed{4}} = \frac{\boxed{60}+\boxed{153}}{\boxed{36}} = \frac{\boxed{213}}{\boxed{36}} = \boxed{5}\,\frac{\boxed{11}}{\boxed{12}}$$

$$\text{kgV}\left(\boxed{9},\boxed{4}\right) = \boxed{36} \qquad \text{ggT}\left(\boxed{213},\boxed{36}\right) = \boxed{3}$$

551. $\frac{1}{7} - 2\frac{3}{8} =$

$$= \frac{\boxed{1}}{\boxed{7}} - \frac{\boxed{2}\cdot\boxed{8}+\boxed{3}}{\boxed{8}} = \frac{\boxed{8}-\boxed{133}}{\boxed{56}} = \frac{\boxed{-125}}{\boxed{56}} = \boxed{-2}\,\frac{\boxed{13}}{\boxed{56}}$$

$$\text{kgV}\left(\boxed{7},\boxed{8}\right) = \boxed{56} \qquad \text{ggT}\left(\boxed{125},\boxed{56}\right) = \boxed{1}$$

552. $4\frac{2}{4} - 3\frac{1}{4} =$

$$= \frac{\boxed{4}\cdot\boxed{4}+\boxed{2}}{\boxed{4}} - \frac{\boxed{3}\cdot\boxed{4}+\boxed{1}}{\boxed{4}} = \frac{\boxed{18}-\boxed{13}}{\boxed{4}} = \frac{\boxed{5}}{\boxed{4}} = \boxed{1}\,\frac{\boxed{1}}{\boxed{4}}$$

$$\text{kgV}\left(\boxed{4},\boxed{4}\right) = \boxed{4} \qquad \text{ggT}\left(\boxed{5},\boxed{4}\right) = \boxed{1}$$

553. $\frac{4}{9} - 2\frac{5}{7} =$

$$= \frac{\boxed{4}}{\boxed{9}} - \frac{\boxed{2}\cdot\boxed{7}+\boxed{5}}{\boxed{7}} = \frac{\boxed{28}-\boxed{171}}{\boxed{63}} = \frac{\boxed{-143}}{\boxed{63}} = \boxed{-2}\,\frac{\boxed{17}}{\boxed{63}}$$

$$\text{kgV}\left(\boxed{9},\boxed{7}\right) = \boxed{63} \qquad \text{ggT}\left(\boxed{143},\boxed{63}\right) = \boxed{1}$$

554. $1\frac{3}{4} - 3\frac{3}{6} =$

$$= \frac{\boxed{1}\cdot\boxed{4}+\boxed{3}}{\boxed{4}} - \frac{\boxed{3}\cdot\boxed{6}+\boxed{3}}{\boxed{6}} = \frac{\boxed{21}-\boxed{42}}{\boxed{12}} = \frac{\boxed{-21}}{\boxed{12}} = \boxed{-1}\,\frac{\boxed{3}}{\boxed{4}}$$

$$\text{kgV}\left(\boxed{4},\boxed{6}\right) = \boxed{12} \qquad \text{ggT}\left(\boxed{21},\boxed{12}\right) = \boxed{3}$$

555. $2\frac{3}{6} + 2\frac{5}{7} =$

$$= \frac{\boxed{2}\cdot\boxed{6}+\boxed{3}}{\boxed{6}} + \frac{\boxed{2}\cdot\boxed{7}+\boxed{5}}{\boxed{7}} = \frac{\boxed{105}+\boxed{114}}{\boxed{42}} = \frac{\boxed{219}}{\boxed{42}} = \boxed{5}\,\frac{\boxed{3}}{\boxed{14}}$$

$$\text{kgV}\left(\boxed{6},\boxed{7}\right) = \boxed{42} \qquad \text{ggT}\left(\boxed{219},\boxed{42}\right) = \boxed{3}$$

Addiere oder subtrahiere die gemischten Zahlen II

556. $\frac{1}{6} - 2\frac{4}{8} - 1\frac{9}{10} =$

$$= \frac{\boxed{1}}{\boxed{6}} - \frac{\boxed{2}\cdot\boxed{8}+\boxed{4}}{\boxed{8}} - \frac{\boxed{1}\cdot\boxed{10}+\boxed{9}}{\boxed{10}} =$$

$$= \frac{\boxed{20}-\boxed{300}-\boxed{228}}{\boxed{120}} = \frac{\boxed{-508}}{\boxed{120}} = \boxed{-4}\,\frac{\boxed{7}}{\boxed{30}}$$

$\text{kgV}\left(\boxed{6},\boxed{8},\boxed{10}\right) = \boxed{120}$ $\qquad$ $\text{ggT}\left(\boxed{508},\boxed{120}\right) = \boxed{4}$

557. $3\frac{2}{4} - 2\frac{2}{4} - 2\frac{1}{2} =$

$$= \frac{\boxed{3}\cdot\boxed{4}+\boxed{2}}{\boxed{4}} - \frac{\boxed{2}\cdot\boxed{4}+\boxed{2}}{\boxed{4}} - \frac{\boxed{2}\cdot\boxed{2}+\boxed{1}}{\boxed{2}} =$$

$$= \frac{\boxed{14}-\boxed{10}-\boxed{10}}{\boxed{4}} = \frac{\boxed{-6}}{\boxed{4}} = \boxed{-1}\,\frac{\boxed{1}}{\boxed{2}}$$

$\text{kgV}\left(\boxed{4},\boxed{4},\boxed{2}\right) = \boxed{4}$ $\qquad$ $\text{ggT}\left(\boxed{6},\boxed{4}\right) = \boxed{2}$

558. $5\frac{2}{4} + 3\frac{3}{4} + 1\frac{1}{3} =$

$$= \frac{\boxed{5}\cdot\boxed{4}+\boxed{2}}{\boxed{4}} + \frac{\boxed{3}\cdot\boxed{4}+\boxed{3}}{\boxed{4}} + \frac{\boxed{1}\cdot\boxed{3}+\boxed{1}}{\boxed{3}} =$$

$$= \frac{\boxed{66}+\boxed{45}+\boxed{16}}{\boxed{12}} = \frac{\boxed{127}}{\boxed{12}} = \boxed{10}\,\frac{\boxed{7}}{\boxed{12}}$$

$\text{kgV}\left(\boxed{4},\boxed{4},\boxed{3}\right) = \boxed{12}$ $\qquad$ $\text{ggT}\left(\boxed{127},\boxed{12}\right) = \boxed{1}$

559. $7\frac{1}{2} - 1\frac{8}{9} + 1\frac{2}{4} =$

$$= \frac{\boxed{7}\cdot\boxed{2}+\boxed{1}}{\boxed{2}} - \frac{\boxed{1}\cdot\boxed{9}+\boxed{8}}{\boxed{9}} + \frac{\boxed{1}\cdot\boxed{4}+\boxed{2}}{\boxed{4}} =$$

$$= \frac{\boxed{270}-\boxed{68}+\boxed{54}}{\boxed{36}} = \frac{\boxed{256}}{\boxed{36}} = \boxed{7}\,\frac{\boxed{1}}{\boxed{9}}$$

$\text{kgV}\left(\boxed{2},\boxed{9},\boxed{4}\right) = \boxed{36}$ $\qquad$ $\text{ggT}\left(\boxed{256},\boxed{36}\right) = \boxed{4}$

560. $1\frac{3}{4}+2\frac{2}{5}+3\frac{1}{5}=$

$$=\frac{\boxed{1}\cdot\boxed{4}+\boxed{3}}{\boxed{4}}+\frac{\boxed{2}\cdot\boxed{5}+\boxed{2}}{\boxed{5}}+\frac{\boxed{3}\cdot\boxed{5}+\boxed{1}}{\boxed{5}}=$$

$$=\frac{\boxed{35}+\boxed{48}+\boxed{64}}{\boxed{20}}=\frac{\boxed{147}}{\boxed{20}}=\boxed{7}\,\frac{\boxed{7}}{\boxed{20}}$$

$\text{kgV}\left(\boxed{4},\boxed{5},\boxed{5}\right)=\boxed{20}$ $\text{ggT}\left(\boxed{147},\boxed{20}\right)=\boxed{1}$

561. $\frac{2}{3}+1\frac{7}{8}+2\frac{1}{9}=$

$$=\frac{\boxed{2}}{\boxed{3}}+\frac{\boxed{1}\cdot\boxed{8}+\boxed{7}}{\boxed{8}}+\frac{\boxed{2}\cdot\boxed{9}+\boxed{1}}{\boxed{9}}=$$

$$=\frac{\boxed{48}+\boxed{135}+\boxed{152}}{\boxed{72}}=\frac{\boxed{335}}{\boxed{72}}=\boxed{4}\,\frac{\boxed{47}}{\boxed{72}}$$

$\text{kgV}\left(\boxed{3},\boxed{8},\boxed{9}\right)=\boxed{72}$ $\text{ggT}\left(\boxed{335},\boxed{72}\right)=\boxed{1}$

562. $1\frac{3}{5}-4\frac{1}{5}+1\frac{3}{8}=$

$$=\frac{\boxed{1}\cdot\boxed{5}+\boxed{3}}{\boxed{5}}-\frac{\boxed{4}\cdot\boxed{5}+\boxed{1}}{\boxed{5}}+\frac{\boxed{1}\cdot\boxed{8}+\boxed{3}}{\boxed{8}}=$$

$$=\frac{\boxed{64}-\boxed{168}+\boxed{55}}{\boxed{40}}=\frac{\boxed{-49}}{\boxed{40}}=\boxed{-1}\,\frac{\boxed{9}}{\boxed{40}}$$

$\text{kgV}\left(\boxed{5},\boxed{5},\boxed{8}\right)=\boxed{40}$ $\text{ggT}\left(\boxed{49},\boxed{40}\right)=\boxed{1}$

563. $5\frac{2}{3}+1\frac{2}{4}+1\frac{7}{8}=$

$$=\frac{\boxed{5}\cdot\boxed{3}+\boxed{2}}{\boxed{3}}+\frac{\boxed{1}\cdot\boxed{4}+\boxed{2}}{\boxed{4}}+\frac{\boxed{1}\cdot\boxed{8}+\boxed{7}}{\boxed{8}}=$$

$$=\frac{\boxed{136}+\boxed{36}+\boxed{45}}{\boxed{24}}=\frac{\boxed{217}}{\boxed{24}}=\boxed{9}\,\frac{\boxed{1}}{\boxed{24}}$$

$\text{kgV}\left(\boxed{3},\boxed{4},\boxed{8}\right)=\boxed{24}$ $\text{ggT}\left(\boxed{217},\boxed{24}\right)=\boxed{1}$

564. $1\frac{3}{9}+1\frac{2}{5}+5\frac{1}{2}=$

$$=\frac{\boxed{1}\cdot\boxed{9}+\boxed{3}}{\boxed{9}}+\frac{\boxed{1}\cdot\boxed{5}+\boxed{2}}{\boxed{5}}+\frac{\boxed{5}\cdot\boxed{2}+\boxed{1}}{\boxed{2}}=$$

$$=\frac{\boxed{120}+\boxed{126}+\boxed{495}}{\boxed{90}}=\frac{\boxed{741}}{\boxed{90}}=\boxed{8}\frac{\boxed{7}}{\boxed{30}}$$

$\text{kgV}\left(\boxed{9},\boxed{5},\boxed{2}\right)=\boxed{90}$ $\qquad$ $\text{ggT}\left(\boxed{741},\boxed{90}\right)=\boxed{3}$

565. $\frac{3}{6}-2\frac{2}{8}+1\frac{4}{5}=$

$$=\frac{\boxed{3}}{\boxed{6}}-\frac{\boxed{2}\cdot\boxed{8}+\boxed{2}}{\boxed{8}}+\frac{\boxed{1}\cdot\boxed{5}+\boxed{4}}{\boxed{5}}=$$

$$=\frac{\boxed{60}-\boxed{270}+\boxed{216}}{\boxed{120}}=\frac{\boxed{6}}{\boxed{120}}=\frac{\boxed{1}}{\boxed{20}}$$

$\text{kgV}\left(\boxed{6},\boxed{8},\boxed{5}\right)=\boxed{120}$ $\qquad$ $\text{ggT}\left(\boxed{6},\boxed{120}\right)=\boxed{6}$

566. $5\frac{2}{4}-3\frac{1}{4}+1\frac{6}{8}=$

$$=\frac{\boxed{5}\cdot\boxed{4}+\boxed{2}}{\boxed{4}}-\frac{\boxed{3}\cdot\boxed{4}+\boxed{1}}{\boxed{4}}+\frac{\boxed{1}\cdot\boxed{8}+\boxed{6}}{\boxed{8}}=$$

$$=\frac{\boxed{44}-\boxed{26}+\boxed{14}}{\boxed{8}}=\frac{\boxed{32}}{\boxed{8}}=\boxed{4}$$

$\text{kgV}\left(\boxed{4},\boxed{4},\boxed{8}\right)=\boxed{8}$ $\qquad$ $\text{ggT}\left(\boxed{32},\boxed{8}\right)=\boxed{8}$

567. $3\frac{4}{5}-1\frac{5}{8}-3\frac{3}{6}=$

$$=\frac{\boxed{3}\cdot\boxed{5}+\boxed{4}}{\boxed{5}}-\frac{\boxed{1}\cdot\boxed{8}+\boxed{5}}{\boxed{8}}-\frac{\boxed{3}\cdot\boxed{6}+\boxed{3}}{\boxed{6}}=$$

$$=\frac{\boxed{456}-\boxed{195}-\boxed{420}}{\boxed{120}}=\frac{\boxed{-159}}{\boxed{120}}=\boxed{-1}\frac{\boxed{13}}{\boxed{40}}$$

$\text{kgV}\left(\boxed{5},\boxed{8},\boxed{6}\right)=\boxed{120}$ $\qquad$ $\text{ggT}\left(\boxed{159},\boxed{120}\right)=\boxed{3}$

568. $1\frac{4}{5} + 1\frac{4}{7} + 1\frac{4}{10} =$

$$= \frac{\boxed{1}\cdot\boxed{5}+\boxed{4}}{\boxed{5}} + \frac{\boxed{1}\cdot\boxed{7}+\boxed{4}}{\boxed{7}} + \frac{\boxed{1}\cdot\boxed{10}+\boxed{4}}{\boxed{10}} =$$

$$= \frac{\boxed{126}+\boxed{110}+\boxed{98}}{\boxed{70}} = \frac{\boxed{334}}{\boxed{70}} = \boxed{4}\,\frac{\boxed{27}}{\boxed{35}}$$

kgV $\left(\boxed{5},\boxed{7},\boxed{10}\right) = \boxed{70}$ ggT $\left(\boxed{334},\boxed{70}\right) = \boxed{2}$

569. $\frac{6}{7} + 1\frac{4}{7} + 1\frac{1}{4} =$

$$= \frac{\boxed{6}}{\boxed{7}} + \frac{\boxed{1}\cdot\boxed{7}+\boxed{4}}{\boxed{7}} + \frac{\boxed{1}\cdot\boxed{4}+\boxed{1}}{\boxed{4}} =$$

$$= \frac{\boxed{24}+\boxed{44}+\boxed{35}}{\boxed{28}} = \frac{\boxed{103}}{\boxed{28}} = \boxed{3}\,\frac{\boxed{19}}{\boxed{28}}$$

kgV $\left(\boxed{7},\boxed{7},\boxed{4}\right) = \boxed{28}$ ggT $\left(\boxed{103},\boxed{28}\right) = \boxed{1}$

570. $2\frac{1}{3} + 1\frac{1}{5} - 3\frac{2}{5} =$

$$= \frac{\boxed{2}\cdot\boxed{3}+\boxed{1}}{\boxed{3}} + \frac{\boxed{1}\cdot\boxed{5}+\boxed{1}}{\boxed{5}} - \frac{\boxed{3}\cdot\boxed{5}+\boxed{2}}{\boxed{5}} =$$

$$= \frac{\boxed{35}+\boxed{18}-\boxed{51}}{\boxed{15}} = \frac{\boxed{2}}{\boxed{15}}$$

kgV $\left(\boxed{3},\boxed{5},\boxed{5}\right) = \boxed{15}$ ggT $\left(\boxed{2},\boxed{15}\right) = \boxed{1}$

571. $1\frac{1}{10} - 5\frac{1}{2} + 3\frac{2}{5} =$

$$= \frac{\boxed{1}\cdot\boxed{10}+\boxed{1}}{\boxed{10}} - \frac{\boxed{5}\cdot\boxed{2}+\boxed{1}}{\boxed{2}} + \frac{\boxed{3}\cdot\boxed{5}+\boxed{2}}{\boxed{5}} =$$

$$= \frac{\boxed{11}-\boxed{55}+\boxed{34}}{\boxed{10}} = \frac{\boxed{-10}}{\boxed{10}} = \boxed{-1}$$

kgV $\left(\boxed{10},\boxed{2},\boxed{5}\right) = \boxed{10}$ ggT $\left(\boxed{10},\boxed{10}\right) = \boxed{10}$

572. $1\frac{3}{7} - 1\frac{4}{10} + 1\frac{4}{7} =$

$$= \frac{\boxed{1} \cdot \boxed{7} + \boxed{3}}{\boxed{7}} - \frac{\boxed{1} \cdot \boxed{10} + \boxed{4}}{\boxed{10}} + \frac{\boxed{1} \cdot \boxed{7} + \boxed{4}}{\boxed{7}} =$$

$$= \frac{\boxed{100} - \boxed{98} + \boxed{110}}{\boxed{70}} = \frac{\boxed{112}}{\boxed{70}} = \boxed{1}\frac{\boxed{3}}{\boxed{5}}$$

$\text{kgV}\left(\boxed{7}, \boxed{10}, \boxed{7}\right) = \boxed{70}$ $\text{ggT}\left(\boxed{112}, \boxed{70}\right) = \boxed{14}$

573. $1\frac{5}{8} + 1\frac{4}{7} + 3\frac{2}{5} =$

$$= \frac{\boxed{1} \cdot \boxed{8} + \boxed{5}}{\boxed{8}} + \frac{\boxed{1} \cdot \boxed{7} + \boxed{4}}{\boxed{7}} + \frac{\boxed{3} \cdot \boxed{5} + \boxed{2}}{\boxed{5}} =$$

$$= \frac{\boxed{455} + \boxed{440} + \boxed{952}}{\boxed{280}} = \frac{\boxed{1847}}{\boxed{280}} = \boxed{6}\frac{\boxed{167}}{\boxed{280}}$$

$\text{kgV}\left(\boxed{8}, \boxed{7}, \boxed{5}\right) = \boxed{280}$ $\text{ggT}\left(\boxed{1847}, \boxed{280}\right) = \boxed{1}$

Wandle in Dezimalzahlen mit Rundung auf Hundertstel um und rechne aus

574. $0.25 - \frac{3}{4} + 0.5 - \frac{1}{2} = \boxed{0.25} - \boxed{0.75} + \boxed{0.5} - \boxed{0.5} = \boxed{-0.5}$

575. $\frac{2}{4} - 0.5 + \frac{1}{9} - 0.6 = \boxed{0.5} - \boxed{0.5} + \boxed{0.11} - \boxed{0.6} = \boxed{-0.49}$

576. $0.5 + \frac{1}{3} + 0.38 + \frac{1}{6} = \boxed{0.5} + \boxed{0.33} + \boxed{0.38} + \boxed{0.17} = \boxed{1.38}$

577. $\frac{1}{2} + 0.83 - \frac{2}{3} - 0.33 = \boxed{0.5} + \boxed{0.83} - \boxed{0.67} - \boxed{0.33} = \boxed{0.33}$

578. $-0.6 + \frac{3}{7} - 0.5 - \frac{1}{7} = -\boxed{0.6} + \boxed{0.43} - \boxed{0.5} - \boxed{0.14} = \boxed{-0.81}$

579. $-0.67 + \frac{2}{3} + 0.17 + \frac{1}{3} = -\boxed{0.67} + \boxed{0.67} + \boxed{0.17} + \boxed{0.33} = \boxed{0.5}$

580. $0.13 - \frac{1}{3} - 0.67 + \frac{4}{5} = \boxed{0.13} - \boxed{0.33} - \boxed{0.67} + \boxed{0.8} = \boxed{-0.07}$

581. $0.75 + \frac{2}{5} + 0.29 - \frac{3}{5} = \boxed{0.75} + \boxed{0.4} + \boxed{0.29} - \boxed{0.6} = \boxed{0.84}$

582. $-0.8 - \frac{1}{2} - 0.5 - \frac{1}{2} = -\boxed{0.8} - \boxed{0.5} - \boxed{0.5} - \boxed{0.5} = \boxed{-2.3}$

583. $0.67 - \frac{2}{6} - 0.17 + \frac{2}{3} = \boxed{0.67} - \boxed{0.33} - \boxed{0.17} + \boxed{0.67} = \boxed{0.84}$

584. $-0.67 - \frac{2}{3} + \frac{5}{6} + 0.17 = -\boxed{0.67} - \boxed{0.67} + \boxed{0.83} + \boxed{0.17} = \boxed{-0.34}$

585. $\frac{3}{7} - 0.25 + \frac{2}{7} - 0.25 = \boxed{0.43} - \boxed{0.25} + \boxed{0.29} - \boxed{0.25} = \boxed{0.22}$

586. $-0.13 - \frac{5}{10} - 0.57 + \frac{4}{5} = -\boxed{0.13} - \boxed{0.5} - \boxed{0.57} + \boxed{0.8} = \boxed{-0.4}$

587. $0.63 + \frac{1}{10} + \frac{1}{5} - 0.5 = \boxed{0.63} + \boxed{0.1} + \boxed{0.2} - \boxed{0.5} = \boxed{0.43}$

588. $-\frac{6}{7} + 0.71 + \frac{1}{6} - 0.38 = -\boxed{0.86} + \boxed{0.71} + \boxed{0.17} - \boxed{0.38} = \boxed{-0.36}$

589. $-\frac{1}{10} + 0.5 - \frac{6}{8} + 0.75 = -\boxed{0.1} + \boxed{0.5} - \boxed{0.75} + \boxed{0.75} = \boxed{0.4}$

13. Summe und Differenz gemischter Zahlen (Variante II)

Addiere oder subtrahiere die gemischten Zahlen

590. $1\frac{2}{5} + 1\frac{3}{9} = \boxed{2}\,\frac{\boxed{18} + \boxed{15}}{\boxed{45}} = \boxed{2}\,\frac{\boxed{33}}{\boxed{45}} = \boxed{2}\,\frac{\boxed{11}}{\boxed{15}}$

$\text{kgV}\left(\boxed{5}, \boxed{9}\right) = \boxed{45}$

591. $5\frac{1}{3} - 3\frac{1}{5} = \boxed{2}\,\frac{\boxed{5} - \boxed{3}}{\boxed{15}} = \boxed{2}\,\frac{\boxed{2}}{\boxed{15}}$

$\text{kgV}\left(\boxed{3}, \boxed{5}\right) = \boxed{15}$

592. $3\frac{2}{5} - 2\frac{1}{6} = \boxed{1}\,\frac{\boxed{12} - \boxed{5}}{\boxed{30}} = \boxed{1}\,\frac{\boxed{7}}{\boxed{30}}$

$\text{kgV}\left(\boxed{5}, \boxed{6}\right) = \boxed{30}$

593. $1\frac{2}{4} + 1\frac{2}{5} = \boxed{2}\,\frac{\boxed{10} + \boxed{8}}{\boxed{20}} = \boxed{2}\,\frac{\boxed{18}}{\boxed{20}} = \boxed{2}\,\frac{\boxed{9}}{\boxed{10}}$

$\text{kgV}\left(\boxed{4}, \boxed{5}\right) = \boxed{20}$

594. $1\frac{6}{7} + 1\frac{3}{5} = \boxed{2}\,\frac{\boxed{30} + \boxed{21}}{\boxed{35}} = \boxed{2}\,\frac{\boxed{51}}{\boxed{35}} = \boxed{3}\,\frac{\boxed{16}}{\boxed{35}}$

$\text{kgV}\left(\boxed{7}, \boxed{5}\right) = \boxed{35}$

595. $1\frac{1}{9} + \frac{4}{9} = \boxed{1}\,\frac{\boxed{1} + \boxed{4}}{\boxed{9}} = \boxed{1}\,\frac{\boxed{5}}{\boxed{9}}$

$\text{kgV}\left(\boxed{9}, \boxed{9}\right) = \boxed{9}$

596. $4\frac{1}{5} - 1\frac{9}{10} = \boxed{3}\,\frac{\boxed{2} - \boxed{9}}{\boxed{10}} = \boxed{3}\,\frac{\boxed{-7}}{\boxed{10}} = \boxed{2}\,\frac{\boxed{3}}{\boxed{10}}$

$\text{kgV}\left(\boxed{5}, \boxed{10}\right) = \boxed{10}$

597. $1\frac{9}{10} - \frac{9}{10} = \boxed{1}\,\frac{\boxed{9} - \boxed{9}}{\boxed{10}} = \boxed{1}\,\frac{\boxed{0}}{\boxed{10}}$

$\text{kgV}\left(\boxed{10}, \boxed{10}\right) = \boxed{10}$

598. $3\frac{2}{3} + 2\frac{5}{7} = \boxed{5}\,\frac{\boxed{14} + \boxed{15}}{\boxed{21}} = \boxed{5}\,\frac{\boxed{29}}{\boxed{21}} = \boxed{6}\,\frac{\boxed{8}}{\boxed{21}}$

$\text{kgV}\left(\boxed{3}, \boxed{7}\right) = \boxed{21}$

599. $3\frac{1}{5} - 1\frac{7}{10} = \boxed{2}\,\frac{\boxed{2} - \boxed{7}}{\boxed{10}} = \boxed{2}\,\frac{\boxed{-5}}{\boxed{10}} = \boxed{1}\,\frac{\boxed{1}}{\boxed{2}}$

$\text{kgV}\left(\boxed{5}, \boxed{10}\right) = \boxed{10}$

600. $1\frac{5}{9} + \frac{5}{8} = \boxed{1}\,\frac{\boxed{40} + \boxed{45}}{\boxed{72}} = \boxed{1}\,\frac{\boxed{85}}{\boxed{72}} = \boxed{2}\,\frac{\boxed{13}}{\boxed{72}}$

$\text{kgV}\left(\boxed{9}, \boxed{8}\right) = \boxed{72}$

601. $1\frac{4}{5} + \frac{3}{6} = \boxed{1}\,\frac{\boxed{24} + \boxed{15}}{\boxed{30}} = \boxed{1}\,\frac{\boxed{39}}{\boxed{30}} = \boxed{2}\,\frac{\boxed{3}}{\boxed{10}}$

$\text{kgV}\left(\boxed{5}, \boxed{6}\right) = \boxed{30}$

602. $2\frac{4}{6} + 1\frac{4}{10} = \boxed{3}\,\frac{\boxed{20} + \boxed{12}}{\boxed{30}} = \boxed{3}\,\frac{\boxed{32}}{\boxed{30}} = \boxed{4}\,\frac{\boxed{1}}{\boxed{15}}$

$\text{kgV}\left(\boxed{6}, \boxed{10}\right) = \boxed{30}$

603. $2\frac{4}{7} + 1\frac{7}{8} = \boxed{3}\,\frac{\boxed{32} + \boxed{49}}{\boxed{56}} = \boxed{3}\,\frac{\boxed{81}}{\boxed{56}} = \boxed{4}\,\frac{\boxed{25}}{\boxed{56}}$

$\text{kgV}\left(\boxed{7}, \boxed{8}\right) = \boxed{56}$

604. $5\frac{2}{3} - 4\frac{2}{4} = \boxed{1}\,\frac{\boxed{8} - \boxed{6}}{\boxed{12}} = \boxed{1}\,\frac{\boxed{2}}{\boxed{12}} = \boxed{1}\,\frac{\boxed{1}}{\boxed{6}}$

$\text{kgV}\left(\boxed{3}, \boxed{4}\right) = \boxed{12}$

605. $3\frac{2}{3} - 4\frac{2}{4} = \boxed{-1}\,\frac{\boxed{8} - \boxed{6}}{\boxed{12}} = \boxed{-1}\,\frac{\boxed{2}}{\boxed{12}} = \frac{\boxed{-5}}{\boxed{6}}$

$\text{kgV}\left(\boxed{3}, \boxed{4}\right) = \boxed{12}$

606. $3\frac{3}{6} - \frac{9}{10} = \boxed{3}\,\frac{\boxed{15} - \boxed{27}}{\boxed{30}} = \boxed{3}\,\frac{\boxed{-12}}{\boxed{30}} = \boxed{2}\,\frac{\boxed{3}}{\boxed{5}}$

$\text{kgV}\left(\boxed{6}, \boxed{10}\right) = \boxed{30}$

607. $6\frac{1}{3} - 1\frac{6}{10} = \boxed{5}\,\frac{\boxed{10} - \boxed{18}}{\boxed{30}} = \boxed{5}\,\frac{\boxed{-8}}{\boxed{30}} = \boxed{4}\,\frac{\boxed{11}}{\boxed{15}}$

$\text{kgV}\left(\boxed{3}, \boxed{10}\right) = \boxed{30}$

14. Multiplikation von Brüchen

Multipliziere die Brüche

608. $\frac{5}{8} \cdot \frac{1}{4} = \frac{\boxed{5}}{\boxed{32}}$

609. $\frac{4}{11} \cdot \frac{4}{21} = \frac{\boxed{16}}{\boxed{231}}$

610. $\frac{7}{2} \cdot \frac{1}{8} = \frac{\boxed{7}}{\boxed{16}}$

611. $\frac{3}{2} \cdot \frac{1}{10} = \frac{\boxed{3}}{\boxed{20}}$

612. $\frac{2}{11}\cdot\frac{2}{7} = \frac{\boxed{4}}{\boxed{77}}$

613. $\frac{2}{3}\cdot\frac{4}{15} = \frac{\boxed{8}}{\boxed{45}}$

614. $\frac{2}{5}\cdot\frac{2}{5} = \frac{\boxed{4}}{\boxed{25}}$

615. $\frac{8}{5}\cdot\frac{8}{15} = \frac{\boxed{64}}{\boxed{75}}$

616. $\frac{1}{2}\cdot\frac{3}{4} = \frac{\boxed{3}}{\boxed{8}}$

617. $\frac{2}{3}\cdot\frac{8}{27} = \frac{\boxed{16}}{\boxed{81}}$

618. $\frac{3}{2}\cdot\frac{9}{10} = \frac{\boxed{27}}{\boxed{20}} = \boxed{1}\frac{\boxed{7}}{\boxed{20}}$

619. $\frac{8}{5}\cdot\frac{2}{15} = \frac{\boxed{16}}{\boxed{75}}$

620. $\frac{2}{11}\cdot\frac{2}{21} = \frac{\boxed{4}}{\boxed{231}}$

621. $\frac{2}{7}\cdot\frac{2}{5} = \frac{\boxed{4}}{\boxed{35}}$

622. $\frac{7}{2}\cdot\frac{3}{2} = \frac{\boxed{21}}{\boxed{4}} = \boxed{5}\frac{\boxed{1}}{\boxed{4}}$

623. $\frac{4}{11}\cdot\frac{2}{27} = \frac{\boxed{8}}{\boxed{297}}$

624. $\frac{9}{2}\cdot\frac{9}{2} = \frac{\boxed{81}}{\boxed{4}} = \boxed{20}\frac{\boxed{1}}{\boxed{4}}$

625. $\frac{2}{3}\cdot\frac{2}{21} = \frac{\boxed{4}}{\boxed{63}}$

Multipliziere die Brüche II

626. $\frac{6}{125}\cdot\frac{25}{12} = \frac{\boxed{1}\cdot\boxed{1}}{\boxed{5}\cdot\boxed{2}} = \frac{\boxed{1}}{\boxed{10}}$

627. $\frac{8}{75}\cdot\frac{25}{16} = \frac{\boxed{1}\cdot\boxed{1}}{\boxed{3}\cdot\boxed{2}} = \frac{\boxed{1}}{\boxed{6}}$

628. $\frac{2}{21}\cdot\frac{7}{8} = \frac{\boxed{1}\cdot\boxed{1}}{\boxed{3}\cdot\boxed{4}} = \frac{\boxed{1}}{\boxed{12}}$

629. $\frac{9}{8}\cdot\frac{4}{45} = \frac{\boxed{1}\cdot\boxed{1}}{\boxed{2}\cdot\boxed{5}} = \frac{\boxed{1}}{\boxed{10}}$

630. $\frac{7}{4}\cdot\frac{2}{35} = \frac{\boxed{1}\cdot\boxed{1}}{\boxed{2}\cdot\boxed{5}} = \frac{\boxed{1}}{\boxed{10}}$

631. $\frac{4}{27}\cdot\frac{9}{16} = \frac{\boxed{1}\cdot\boxed{1}}{\boxed{3}\cdot\boxed{4}} = \frac{\boxed{1}}{\boxed{12}}$

632. $\frac{2}{1}\cdot\frac{1}{4} = \frac{\boxed{1}\cdot\boxed{1}}{\boxed{1}\cdot\boxed{2}} = \frac{\boxed{1}}{\boxed{2}}$

633. $\frac{2}{35}\cdot\frac{7}{4} = \frac{\boxed{1}\cdot\boxed{1}}{\boxed{5}\cdot\boxed{2}} = \frac{\boxed{1}}{\boxed{10}}$

634. $\frac{15}{8}\cdot\frac{2}{45} = \frac{\boxed{1}\cdot\boxed{1}}{\boxed{4}\cdot\boxed{3}} = \frac{\boxed{1}}{\boxed{12}}$

635. $\frac{5}{56}\cdot\frac{14}{15} = \frac{\boxed{1}\cdot\boxed{1}}{\boxed{4}\cdot\boxed{3}} = \frac{\boxed{1}}{\boxed{12}}$

636. $\frac{25}{16}\cdot\frac{4}{75} = \frac{\boxed{1}\cdot\boxed{1}}{\boxed{4}\cdot\boxed{3}} = \frac{\boxed{1}}{\boxed{12}}$

637. $\frac{25}{32}\cdot\frac{8}{125} = \frac{\boxed{1}\cdot\boxed{1}}{\boxed{4}\cdot\boxed{5}} = \frac{\boxed{1}}{\boxed{20}}$

638. $\frac{15}{16}\cdot\frac{4}{75} = \frac{\boxed{1}\cdot\boxed{1}}{\boxed{4}\cdot\boxed{5}} = \frac{\boxed{1}}{\boxed{20}}$

639. $\frac{2}{15}\cdot\frac{5}{8} = \frac{\boxed{1}\cdot\boxed{1}}{\boxed{3}\cdot\boxed{4}} = \frac{\boxed{1}}{\boxed{12}}$

640. $\frac{7}{16}\cdot\frac{8}{21} = \frac{\boxed{1}\cdot\boxed{1}}{\boxed{2}\cdot\boxed{3}} = \frac{\boxed{1}}{\boxed{6}}$

641. $\frac{15}{56}\cdot\frac{14}{45} = \frac{\boxed{1}\cdot\boxed{1}}{\boxed{4}\cdot\boxed{3}} = \frac{\boxed{1}}{\boxed{12}}$

642. $\frac{5}{32}\cdot\frac{8}{15} = \frac{\boxed{1}\cdot\boxed{1}}{\boxed{4}\cdot\boxed{3}} = \frac{\boxed{1}}{\boxed{12}}$ **643.** $\frac{8}{45}\cdot\frac{15}{16} = \frac{\boxed{1}\cdot\boxed{1}}{\boxed{3}\cdot\boxed{2}} = \frac{\boxed{1}}{\boxed{6}}$

15. Division von Brüchen

Dividiere die Brüche

644. $\frac{25}{64} \div \frac{75}{16} = \frac{\boxed{25}}{\boxed{64}}\cdot\frac{\boxed{16}}{\boxed{75}} = \frac{\boxed{1}\cdot\boxed{1}}{\boxed{4}\cdot\boxed{3}} = \frac{\boxed{1}}{\boxed{12}}$

645. $\frac{35}{8} \div \frac{25}{2} = \frac{\boxed{35}}{\boxed{8}}\cdot\frac{\boxed{2}}{\boxed{25}} = \frac{\boxed{7}\cdot\boxed{1}}{\boxed{4}\cdot\boxed{5}} = \frac{\boxed{7}}{\boxed{20}}$

646. $\frac{9}{32} \div \frac{27}{64} = \frac{\boxed{9}}{\boxed{32}}\cdot\frac{\boxed{64}}{\boxed{27}} = \frac{\boxed{1}\cdot\boxed{2}}{\boxed{1}\cdot\boxed{3}} = \frac{\boxed{2}}{\boxed{3}}$

647. $\frac{45}{8} \div \frac{45}{2} = \frac{\boxed{45}}{\boxed{8}}\cdot\frac{\boxed{2}}{\boxed{45}} = \frac{\boxed{1}\cdot\boxed{1}}{\boxed{4}\cdot\boxed{1}} = \frac{\boxed{1}}{\boxed{4}}$

648. $\frac{45}{8} \div \frac{45}{2} = \frac{\boxed{45}}{\boxed{8}}\cdot\frac{\boxed{2}}{\boxed{45}} = \frac{\boxed{1}\cdot\boxed{1}}{\boxed{4}\cdot\boxed{1}} = \frac{\boxed{1}}{\boxed{4}}$

649. $\frac{15}{32} \div \frac{45}{256} = \frac{\boxed{15}}{\boxed{32}}\cdot\frac{\boxed{256}}{\boxed{45}} = \frac{\boxed{1}\cdot\boxed{8}}{\boxed{1}\cdot\boxed{3}} = \frac{\boxed{8}}{\boxed{3}} = \boxed{2}\,\frac{\boxed{2}}{\boxed{3}}$

650. $\frac{7}{8} \div \frac{21}{8} = \frac{\boxed{7}}{\boxed{8}}\cdot\frac{\boxed{8}}{\boxed{21}} = \frac{\boxed{1}\cdot\boxed{1}}{\boxed{1}\cdot\boxed{3}} = \frac{\boxed{1}}{\boxed{3}}$

651. $\frac{11}{32} \div \frac{55}{128} = \frac{\boxed{11}}{\boxed{32}}\cdot\frac{\boxed{128}}{\boxed{55}} = \frac{\boxed{1}\cdot\boxed{4}}{\boxed{1}\cdot\boxed{5}} = \frac{\boxed{4}}{\boxed{5}}$

652. $\frac{7}{16} \div \frac{21}{8} = \frac{\boxed{7}}{\boxed{16}}\cdot\frac{\boxed{8}}{\boxed{21}} = \frac{\boxed{1}\cdot\boxed{1}}{\boxed{2}\cdot\boxed{3}} = \frac{\boxed{1}}{\boxed{6}}$

653. $\frac{75}{16} \div \frac{15}{4} = \frac{\boxed{75}}{\boxed{16}}\cdot\frac{\boxed{4}}{\boxed{15}} = \frac{\boxed{5}\cdot\boxed{1}}{\boxed{4}\cdot\boxed{1}} = \frac{\boxed{5}}{\boxed{4}} = \boxed{1}\,\frac{\boxed{1}}{\boxed{4}}$

654. $\frac{9}{56} \div \frac{27}{56} = \frac{\boxed{9}}{\boxed{56}}\cdot\frac{\boxed{56}}{\boxed{27}} = \frac{\boxed{1}\cdot\boxed{1}}{\boxed{1}\cdot\boxed{3}} = \frac{\boxed{1}}{\boxed{3}}$

655. $\frac{9}{8} \div \frac{45}{2} = \frac{\boxed{9}}{\boxed{8}}\cdot\frac{\boxed{2}}{\boxed{45}} = \frac{\boxed{1}\cdot\boxed{1}}{\boxed{4}\cdot\boxed{5}} = \frac{\boxed{1}}{\boxed{20}}$

656. $\frac{125}{16} \div \frac{125}{4} = \frac{\boxed{125}}{\boxed{16}}\cdot\frac{\boxed{4}}{\boxed{125}} = \frac{\boxed{1}\cdot\boxed{1}}{\boxed{4}\cdot\boxed{1}} = \frac{\boxed{1}}{\boxed{4}}$

657. $\frac{5}{4} \div \frac{15}{32} = \frac{\boxed{5}}{\boxed{4}} \cdot \frac{\boxed{32}}{\boxed{15}} = \frac{\boxed{1}\cdot\boxed{8}}{\boxed{1}\cdot\boxed{3}} = \frac{\boxed{8}}{\boxed{3}} = \boxed{2}\frac{\boxed{2}}{\boxed{3}}$

658. $\frac{3}{8} \div \frac{15}{64} = \frac{\boxed{3}}{\boxed{8}} \cdot \frac{\boxed{64}}{\boxed{15}} = \frac{\boxed{1}\cdot\boxed{8}}{\boxed{1}\cdot\boxed{5}} = \frac{\boxed{8}}{\boxed{5}} = \boxed{1}\frac{\boxed{3}}{\boxed{5}}$

659. $\frac{7}{16} \div \frac{3}{16} = \frac{\boxed{7}}{\boxed{16}} \cdot \frac{\boxed{16}}{\boxed{3}} = \frac{\boxed{7}\cdot\boxed{1}}{\boxed{1}\cdot\boxed{3}} = \frac{\boxed{7}}{\boxed{3}} = \boxed{2}\frac{\boxed{1}}{\boxed{3}}$

660. $\frac{7}{32} \div \frac{21}{16} = \frac{\boxed{7}}{\boxed{32}} \cdot \frac{\boxed{16}}{\boxed{21}} = \frac{\boxed{1}\cdot\boxed{1}}{\boxed{2}\cdot\boxed{3}} = \frac{\boxed{1}}{\boxed{6}}$

661. $\frac{9}{32} \div \frac{15}{8} = \frac{\boxed{9}}{\boxed{32}} \cdot \frac{\boxed{8}}{\boxed{15}} = \frac{\boxed{3}\cdot\boxed{1}}{\boxed{4}\cdot\boxed{5}} = \frac{\boxed{3}}{\boxed{20}}$

662. $\frac{7}{4} \div \frac{21}{32} = \frac{\boxed{7}}{\boxed{4}} \cdot \frac{\boxed{32}}{\boxed{21}} = \frac{\boxed{1}\cdot\boxed{8}}{\boxed{1}\cdot\boxed{3}} = \frac{\boxed{8}}{\boxed{3}} = \boxed{2}\frac{\boxed{2}}{\boxed{3}}$

663. $\frac{15}{64} \div \frac{75}{16} = \frac{\boxed{15}}{\boxed{64}} \cdot \frac{\boxed{16}}{\boxed{75}} = \frac{\boxed{1}\cdot\boxed{1}}{\boxed{4}\cdot\boxed{5}} = \frac{\boxed{1}}{\boxed{20}}$

16. Multiplikation und Division gemischter Zahlen

Multipliziere die gemischten Zahlen

664. $\frac{8}{25} \cdot 6\frac{1}{4} = \frac{\boxed{8}}{\boxed{25}} \cdot \frac{\boxed{25}}{\boxed{4}} = \frac{\boxed{2}\cdot\boxed{1}}{\boxed{1}\cdot\boxed{1}} = \frac{\boxed{2}}{\boxed{1}} = \boxed{2}$

665. $2\frac{2}{3} \cdot \frac{9}{14} = \frac{\boxed{8}}{\boxed{3}} \cdot \frac{\boxed{9}}{\boxed{14}} = \frac{\boxed{4}\cdot\boxed{3}}{\boxed{1}\cdot\boxed{7}} = \frac{\boxed{12}}{\boxed{7}} = \boxed{1}\frac{\boxed{5}}{\boxed{7}}$

666. $7\frac{1}{2} \cdot 11\frac{1}{5} = \frac{\boxed{15}}{\boxed{2}} \cdot \frac{\boxed{56}}{\boxed{5}} = \frac{\boxed{3}\cdot\boxed{28}}{\boxed{1}\cdot\boxed{1}} = \frac{\boxed{84}}{\boxed{1}} = \boxed{84}$

667. $2\frac{13}{16} \cdot 25\frac{3}{5} = \frac{\boxed{45}}{\boxed{16}} \cdot \frac{\boxed{128}}{\boxed{5}} = \frac{\boxed{9}\cdot\boxed{8}}{\boxed{1}\cdot\boxed{1}} = \frac{\boxed{72}}{\boxed{1}} = \boxed{72}$

668. $\frac{16}{25} \cdot 52\frac{1}{2} = \frac{\boxed{16}}{\boxed{25}} \cdot \frac{\boxed{105}}{\boxed{2}} = \frac{\boxed{8}\cdot\boxed{21}}{\boxed{5}\cdot\boxed{1}} = \frac{\boxed{168}}{\boxed{5}} = \boxed{33}\frac{\boxed{3}}{\boxed{5}}$

669. $3\frac{15}{16} \cdot 2\frac{2}{3} = \frac{\boxed{63}}{\boxed{16}} \cdot \frac{\boxed{8}}{\boxed{3}} = \frac{\boxed{21}\cdot\boxed{1}}{\boxed{2}\cdot\boxed{1}} = \frac{\boxed{21}}{\boxed{2}} = \boxed{10}\frac{\boxed{1}}{\boxed{2}}$

670. $7\frac{7}{8} \cdot 21\frac{1}{3} = \frac{\boxed{63}}{\boxed{8}} \cdot \frac{\boxed{64}}{\boxed{3}} = \frac{\boxed{21}\cdot\boxed{8}}{\boxed{1}\cdot\boxed{1}} = \frac{\boxed{168}}{\boxed{1}} = \boxed{168}$

671. $1\frac{13}{14} \cdot 5\frac{1}{3} = \frac{\boxed{27}}{\boxed{14}} \cdot \frac{\boxed{16}}{\boxed{3}} = \frac{\boxed{9} \cdot \boxed{8}}{\boxed{7} \cdot \boxed{1}} = \frac{\boxed{72}}{\boxed{7}} = \boxed{10}\frac{\boxed{2}}{\boxed{7}}$

672. $5\frac{5}{8} \cdot 2\frac{2}{15} = \frac{\boxed{45}}{\boxed{8}} \cdot \frac{\boxed{32}}{\boxed{15}} = \frac{\boxed{3} \cdot \boxed{4}}{\boxed{1} \cdot \boxed{1}} = \frac{\boxed{12}}{\boxed{1}} = \boxed{12}$

673. $\frac{15}{16} \cdot 2\frac{2}{3} = \frac{\boxed{15}}{\boxed{16}} \cdot \frac{\boxed{8}}{\boxed{3}} = \frac{\boxed{5} \cdot \boxed{1}}{\boxed{2} \cdot \boxed{1}} = \frac{\boxed{5}}{\boxed{2}} = \boxed{2}\frac{\boxed{1}}{\boxed{2}}$

674. $12\frac{4}{9} \cdot 7\frac{7}{8} = \frac{\boxed{112}}{\boxed{9}} \cdot \frac{\boxed{63}}{\boxed{8}} = \frac{\boxed{14} \cdot \boxed{7}}{\boxed{1} \cdot \boxed{1}} = \frac{\boxed{98}}{\boxed{1}} = \boxed{98}$

675. $7\frac{7}{8} \cdot 4\frac{4}{15} = \frac{\boxed{63}}{\boxed{8}} \cdot \frac{\boxed{64}}{\boxed{15}} = \frac{\boxed{21} \cdot \boxed{8}}{\boxed{1} \cdot \boxed{5}} = \frac{\boxed{168}}{\boxed{5}} = \boxed{33}\frac{\boxed{3}}{\boxed{5}}$

676. $1\frac{1}{15} \cdot 21\frac{7}{8} = \frac{\boxed{16}}{\boxed{15}} \cdot \frac{\boxed{175}}{\boxed{8}} = \frac{\boxed{2} \cdot \boxed{35}}{\boxed{3} \cdot \boxed{1}} = \frac{\boxed{70}}{\boxed{3}} = \boxed{23}\frac{\boxed{1}}{\boxed{3}}$

677. $1\frac{1}{15} \cdot 13\frac{1}{8} = \frac{\boxed{16}}{\boxed{15}} \cdot \frac{\boxed{105}}{\boxed{8}} = \frac{\boxed{2} \cdot \boxed{7}}{\boxed{1} \cdot \boxed{1}} = \frac{\boxed{14}}{\boxed{1}} = \boxed{14}$

678. $5\frac{5}{14} \cdot 1\frac{3}{5} = \frac{\boxed{75}}{\boxed{14}} \cdot \frac{\boxed{8}}{\boxed{5}} = \frac{\boxed{15} \cdot \boxed{4}}{\boxed{7} \cdot \boxed{1}} = \frac{\boxed{60}}{\boxed{7}} = \boxed{8}\frac{\boxed{4}}{\boxed{7}}$

679. $4\frac{11}{16} \cdot 18\frac{2}{7} = \frac{\boxed{75}}{\boxed{16}} \cdot \frac{\boxed{128}}{\boxed{7}} = \frac{\boxed{75} \cdot \boxed{8}}{\boxed{1} \cdot \boxed{7}} = \frac{\boxed{600}}{\boxed{7}} = \boxed{85}\frac{\boxed{5}}{\boxed{7}}$

680. $2\frac{3}{16} \cdot 2\frac{6}{25} = \frac{\boxed{35}}{\boxed{16}} \cdot \frac{\boxed{56}}{\boxed{25}} = \frac{\boxed{7} \cdot \boxed{7}}{\boxed{2} \cdot \boxed{5}} = \frac{\boxed{49}}{\boxed{10}} = \boxed{4}\frac{\boxed{9}}{\boxed{10}}$

681. $10\frac{1}{2} \cdot 5\frac{1}{3} = \frac{\boxed{21}}{\boxed{2}} \cdot \frac{\boxed{16}}{\boxed{3}} = \frac{\boxed{7} \cdot \boxed{8}}{\boxed{1} \cdot \boxed{1}} = \frac{\boxed{56}}{\boxed{1}} = \boxed{56}$

682. $7\frac{1}{2} \cdot 1\frac{7}{25} = \frac{\boxed{15}}{\boxed{2}} \cdot \frac{\boxed{32}}{\boxed{25}} = \frac{\boxed{3} \cdot \boxed{16}}{\boxed{1} \cdot \boxed{5}} = \frac{\boxed{48}}{\boxed{5}} = \boxed{9}\frac{\boxed{3}}{\boxed{5}}$

683. $4\frac{4}{15} \cdot 13\frac{1}{2} = \frac{\boxed{64}}{\boxed{15}} \cdot \frac{\boxed{27}}{\boxed{2}} = \frac{\boxed{32} \cdot \boxed{9}}{\boxed{5} \cdot \boxed{1}} = \frac{\boxed{288}}{\boxed{5}} = \boxed{57}\frac{\boxed{3}}{\boxed{5}}$

Dividiere die gemischten Zahlen

684. $5\frac{1}{4} \div 22\frac{1}{2} = \frac{\boxed{21}}{\boxed{4}} \div \frac{\boxed{45}}{\boxed{2}} = \frac{\boxed{21}}{\boxed{4}} \cdot \frac{\boxed{2}}{\boxed{45}} = \frac{\boxed{7} \cdot \boxed{1}}{\boxed{2} \cdot \boxed{15}} = \frac{\boxed{7}}{\boxed{30}}$

685. $22\frac{1}{2} \div 1\frac{13}{14} = \frac{\boxed{45}}{\boxed{2}} \div \frac{\boxed{27}}{\boxed{14}} = \frac{\boxed{45}}{\boxed{2}} \cdot \frac{\boxed{14}}{\boxed{27}} = \frac{\boxed{5} \cdot \boxed{7}}{\boxed{1} \cdot \boxed{3}} = \frac{\boxed{35}}{\boxed{3}} = \boxed{11}\frac{\boxed{2}}{\boxed{3}}$

686. $7\frac{1}{2} \div 10\frac{1}{2} = \frac{\boxed{15}}{\boxed{2}} \div \frac{\boxed{21}}{\boxed{2}} = \frac{\boxed{15}}{\boxed{2}} \cdot \frac{\boxed{2}}{\boxed{21}} = \frac{\boxed{5}\cdot\boxed{1}}{\boxed{1}\cdot\boxed{7}} = \frac{\boxed{5}}{\boxed{7}}$

687. $4\frac{4}{15} \div \frac{8}{9} = \frac{\boxed{64}}{\boxed{15}} \div \frac{\boxed{8}}{\boxed{9}} = \frac{\boxed{64}}{\boxed{15}} \cdot \frac{\boxed{9}}{\boxed{8}} = \frac{\boxed{8}\cdot\boxed{3}}{\boxed{5}\cdot\boxed{1}} = \frac{\boxed{24}}{\boxed{5}} = \boxed{4}\,\frac{\boxed{4}}{\boxed{5}}$

688. $52\frac{1}{2} \div 3\frac{1}{16} = \frac{\boxed{105}}{\boxed{2}} \div \frac{\boxed{49}}{\boxed{16}} = \frac{\boxed{105}}{\boxed{2}} \cdot \frac{\boxed{16}}{\boxed{49}} = \frac{\boxed{15}\cdot\boxed{8}}{\boxed{1}\cdot\boxed{7}} = \frac{\boxed{120}}{\boxed{7}} = \boxed{17}\,\frac{\boxed{1}}{\boxed{7}}$

689. $1\frac{13}{15} \div \frac{4}{7} = \frac{\boxed{28}}{\boxed{15}} \div \frac{\boxed{4}}{\boxed{7}} = \frac{\boxed{28}}{\boxed{15}} \cdot \frac{\boxed{7}}{\boxed{4}} = \frac{\boxed{7}\cdot\boxed{7}}{\boxed{15}\cdot\boxed{1}} = \frac{\boxed{49}}{\boxed{15}} = \boxed{3}\,\frac{\boxed{4}}{\boxed{15}}$

690. $1\frac{1}{8} \div 22\frac{1}{2} = \frac{\boxed{9}}{\boxed{8}} \div \frac{\boxed{45}}{\boxed{2}} = \frac{\boxed{9}}{\boxed{8}} \cdot \frac{\boxed{2}}{\boxed{45}} = \frac{\boxed{1}\cdot\boxed{1}}{\boxed{4}\cdot\boxed{5}} = \frac{\boxed{1}}{\boxed{20}}$

691. $5\frac{5}{14} \div 5\frac{5}{8} = \frac{\boxed{75}}{\boxed{14}} \div \frac{\boxed{45}}{\boxed{8}} = \frac{\boxed{75}}{\boxed{14}} \cdot \frac{\boxed{8}}{\boxed{45}} = \frac{\boxed{5}\cdot\boxed{4}}{\boxed{7}\cdot\boxed{3}} = \frac{\boxed{20}}{\boxed{21}}$

692. $1\frac{1}{2} \div 18\frac{3}{4} = \frac{\boxed{3}}{\boxed{2}} \div \frac{\boxed{75}}{\boxed{4}} = \frac{\boxed{3}}{\boxed{2}} \cdot \frac{\boxed{4}}{\boxed{75}} = \frac{\boxed{1}\cdot\boxed{2}}{\boxed{1}\cdot\boxed{25}} = \frac{\boxed{2}}{\boxed{25}}$

693. $11\frac{1}{4} \div 1\frac{7}{8} = \frac{\boxed{45}}{\boxed{4}} \div \frac{\boxed{15}}{\boxed{8}} = \frac{\boxed{45}}{\boxed{4}} \cdot \frac{\boxed{8}}{\boxed{15}} = \frac{\boxed{3}\cdot\boxed{2}}{\boxed{1}\cdot\boxed{1}} = \frac{\boxed{6}}{\boxed{1}} = \boxed{6}$

694. $10\frac{2}{3} \div 42\frac{2}{3} = \frac{\boxed{32}}{\boxed{3}} \div \frac{\boxed{128}}{\boxed{3}} = \frac{\boxed{32}}{\boxed{3}} \cdot \frac{\boxed{3}}{\boxed{128}} = \frac{\boxed{1}\cdot\boxed{1}}{\boxed{1}\cdot\boxed{4}} = \frac{\boxed{1}}{\boxed{4}}$

695. $1\frac{7}{9} \div 8\frac{8}{15} = \frac{\boxed{16}}{\boxed{9}} \div \frac{\boxed{128}}{\boxed{15}} = \frac{\boxed{16}}{\boxed{9}} \cdot \frac{\boxed{15}}{\boxed{128}} = \frac{\boxed{1}\cdot\boxed{5}}{\boxed{3}\cdot\boxed{8}} = \frac{\boxed{5}}{\boxed{24}}$

696. $1\frac{5}{16} \div 1\frac{1}{14} = \frac{\boxed{21}}{\boxed{16}} \div \frac{\boxed{15}}{\boxed{14}} = \frac{\boxed{21}}{\boxed{16}} \cdot \frac{\boxed{14}}{\boxed{15}} = \frac{\boxed{7}\cdot\boxed{7}}{\boxed{8}\cdot\boxed{5}} = \frac{\boxed{49}}{\boxed{40}} = \boxed{1}\,\frac{\boxed{9}}{\boxed{40}}$

697. $9\frac{1}{7} \div 11\frac{1}{5} = \frac{\boxed{64}}{\boxed{7}} \div \frac{\boxed{56}}{\boxed{5}} = \frac{\boxed{64}}{\boxed{7}} \cdot \frac{\boxed{5}}{\boxed{56}} = \frac{\boxed{8}\cdot\boxed{5}}{\boxed{7}\cdot\boxed{7}} = \frac{\boxed{40}}{\boxed{49}}$

698. $7\frac{1}{2} \div 10\frac{1}{2} = \frac{\boxed{15}}{\boxed{2}} \div \frac{\boxed{21}}{\boxed{2}} = \frac{\boxed{15}}{\boxed{2}} \cdot \frac{\boxed{2}}{\boxed{21}} = \frac{\boxed{5}\cdot\boxed{1}}{\boxed{1}\cdot\boxed{7}} = \frac{\boxed{5}}{\boxed{7}}$

699. $12\frac{1}{4} \div 26\frac{1}{4} = \frac{\boxed{49}}{\boxed{4}} \div \frac{\boxed{105}}{\boxed{4}} = \frac{\boxed{49}}{\boxed{4}} \cdot \frac{\boxed{4}}{\boxed{105}} = \frac{\boxed{7}\cdot\boxed{1}}{\boxed{1}\cdot\boxed{15}} = \frac{\boxed{7}}{\boxed{15}}$

700. $\frac{16}{25} \div 1\frac{13}{15} = \frac{\boxed{16}}{\boxed{25}} \div \frac{\boxed{28}}{\boxed{15}} = \frac{\boxed{16}}{\boxed{25}} \cdot \frac{\boxed{15}}{\boxed{28}} = \frac{\boxed{4}\cdot\boxed{3}}{\boxed{5}\cdot\boxed{7}} = \frac{\boxed{12}}{\boxed{35}}$

701. $4\frac{1}{2} \div 6\frac{3}{4} = \frac{\boxed{9}}{\boxed{2}} \div \frac{\boxed{27}}{\boxed{4}} = \frac{\boxed{9}}{\boxed{2}} \cdot \frac{\boxed{4}}{\boxed{27}} = \frac{\boxed{1}\cdot\boxed{2}}{\boxed{1}\cdot\boxed{3}} = \frac{\boxed{2}}{\boxed{3}}$

702. $1\frac{1}{7} \div 3\frac{11}{15} = \frac{\boxed{8}}{\boxed{7}} \div \frac{\boxed{56}}{\boxed{15}} = \frac{\boxed{8}}{\boxed{7}} \cdot \frac{\boxed{15}}{\boxed{56}} = \frac{\boxed{1} \cdot \boxed{15}}{\boxed{7} \cdot \boxed{7}} = \frac{\boxed{15}}{\boxed{49}}$

703. $2\frac{2}{15} \div 2\frac{2}{15} = \frac{\boxed{32}}{\boxed{15}} \div \frac{\boxed{32}}{\boxed{15}} = \frac{\boxed{32}}{\boxed{15}} \cdot \frac{\boxed{15}}{\boxed{32}} = \frac{\boxed{1} \cdot \boxed{1}}{\boxed{1} \cdot \boxed{1}} = \frac{\boxed{1}}{\boxed{1}} = \boxed{1}$

17. Doppelbrüche

Dividiere die Doppelbrüche

704. $\dfrac{15}{\frac{75}{4}} = \boxed{15} \div \frac{\boxed{75}}{\boxed{4}} = \boxed{15} \cdot \frac{\boxed{4}}{\boxed{75}} = \frac{\boxed{1} \cdot \boxed{4}}{\boxed{5}} = \frac{\boxed{4}}{\boxed{5}}$

705. $\dfrac{\frac{75}{16}}{\frac{45}{4}} = \frac{\boxed{75}}{\boxed{16}} \div \frac{\boxed{45}}{\boxed{4}} = \frac{\boxed{75}}{\boxed{16}} \cdot \frac{\boxed{4}}{\boxed{45}} = \frac{\boxed{5} \cdot \boxed{1}}{\boxed{4} \cdot \boxed{3}} = \frac{\boxed{5}}{\boxed{12}}$

706. $\dfrac{\frac{25}{16}}{125} = \frac{\boxed{25}}{\boxed{16}} \div \boxed{125} = \frac{\boxed{25}}{\boxed{16}} \cdot \frac{\boxed{1}}{\boxed{125}} = \frac{\boxed{1}}{\boxed{16} \cdot \boxed{5}} = \frac{\boxed{1}}{\boxed{80}}$

707. $\dfrac{\frac{11}{32}}{55} = \frac{\boxed{11}}{\boxed{32}} \div \boxed{55} = \frac{\boxed{11}}{\boxed{32}} \cdot \frac{\boxed{1}}{\boxed{55}} = \frac{\boxed{1}}{\boxed{32} \cdot \boxed{5}} = \frac{\boxed{1}}{\boxed{160}}$

708. $\dfrac{25}{\frac{125}{8}} = \boxed{25} \div \frac{\boxed{125}}{\boxed{8}} = \boxed{25} \cdot \frac{\boxed{8}}{\boxed{125}} = \frac{\boxed{1} \cdot \boxed{8}}{\boxed{5}} = \frac{\boxed{8}}{\boxed{5}} = \boxed{1}\frac{\boxed{3}}{\boxed{5}}$

709. $\dfrac{\frac{135}{4}}{\frac{75}{2}} = \frac{\boxed{135}}{\boxed{4}} \div \frac{\boxed{75}}{\boxed{2}} = \frac{\boxed{135}}{\boxed{4}} \cdot \frac{\boxed{2}}{\boxed{75}} = \frac{\boxed{9} \cdot \boxed{1}}{\boxed{2} \cdot \boxed{5}} = \frac{\boxed{9}}{\boxed{10}}$

710. $\dfrac{9}{\frac{27}{16}} = \boxed{9} \div \frac{\boxed{27}}{\boxed{16}} = \boxed{9} \cdot \frac{\boxed{16}}{\boxed{27}} = \frac{\boxed{1} \cdot \boxed{16}}{\boxed{3}} = \frac{\boxed{16}}{\boxed{3}} = \boxed{5}\frac{\boxed{1}}{\boxed{3}}$

711. $$\frac{\frac{375}{64}}{\frac{75}{16}} = \frac{\boxed{375}}{\boxed{64}} \div \frac{\boxed{75}}{\boxed{16}} = \frac{\boxed{375}}{\boxed{64}} \cdot \frac{\boxed{16}}{\boxed{75}} = \frac{\boxed{5} \cdot \boxed{1}}{\boxed{4} \cdot \boxed{1}} = \frac{\boxed{5}}{\boxed{4}} = \boxed{1}\,\frac{\boxed{1}}{\boxed{4}}$$

712. $$\frac{\frac{9}{56}}{45} = \frac{\boxed{9}}{\boxed{56}} \div \boxed{45} = \frac{\boxed{9}}{\boxed{56}} \cdot \frac{\boxed{1}}{\boxed{45}} = \frac{\boxed{1}}{\boxed{56} \cdot \boxed{5}} = \frac{\boxed{1}}{\boxed{280}}$$

713. $$\frac{\frac{45}{8}}{\frac{15}{4}} = \frac{\boxed{45}}{\boxed{8}} \div \frac{\boxed{15}}{\boxed{4}} = \frac{\boxed{45}}{\boxed{8}} \cdot \frac{\boxed{4}}{\boxed{15}} = \frac{\boxed{3} \cdot \boxed{1}}{\boxed{2} \cdot \boxed{1}} = \frac{\boxed{3}}{\boxed{2}} = \boxed{1}\,\frac{\boxed{1}}{\boxed{2}}$$

714. $$\frac{\frac{3}{8}}{\frac{9}{32}} = \frac{\boxed{3}}{\boxed{8}} \div \frac{\boxed{9}}{\boxed{32}} = \frac{\boxed{3}}{\boxed{8}} \cdot \frac{\boxed{32}}{\boxed{9}} = \frac{\boxed{1} \cdot \boxed{4}}{\boxed{1} \cdot \boxed{3}} = \frac{\boxed{4}}{\boxed{3}} = \boxed{1}\,\frac{\boxed{1}}{\boxed{3}}$$

715. $$\frac{\frac{3}{32}}{\frac{15}{128}} = \frac{\boxed{3}}{\boxed{32}} \div \frac{\boxed{15}}{\boxed{128}} = \frac{\boxed{3}}{\boxed{32}} \cdot \frac{\boxed{128}}{\boxed{15}} = \frac{\boxed{1} \cdot \boxed{4}}{\boxed{1} \cdot \boxed{5}} = \frac{\boxed{4}}{\boxed{5}}$$

716. $$\frac{3}{\frac{15}{8}} = \boxed{3} \div \frac{\boxed{15}}{\boxed{8}} = \boxed{3} \cdot \frac{\boxed{8}}{\boxed{15}} = \frac{\boxed{1} \cdot \boxed{8}}{\boxed{5}} = \frac{\boxed{8}}{\boxed{5}} = \boxed{1}\,\frac{\boxed{3}}{\boxed{5}}$$

717. $$\frac{\frac{5}{8}}{\frac{15}{28}} = \frac{\boxed{5}}{\boxed{8}} \div \frac{\boxed{15}}{\boxed{28}} = \frac{\boxed{5}}{\boxed{8}} \cdot \frac{\boxed{28}}{\boxed{15}} = \frac{\boxed{1} \cdot \boxed{7}}{\boxed{2} \cdot \boxed{3}} = \frac{\boxed{7}}{\boxed{6}} = \boxed{1}\,\frac{\boxed{1}}{\boxed{6}}$$

718. $$\frac{\frac{3}{56}}{\frac{9}{28}} = \frac{\boxed{3}}{\boxed{56}} \div \frac{\boxed{9}}{\boxed{28}} = \frac{\boxed{3}}{\boxed{56}} \cdot \frac{\boxed{28}}{\boxed{9}} = \frac{\boxed{1} \cdot \boxed{1}}{\boxed{2} \cdot \boxed{3}} = \frac{\boxed{1}}{\boxed{6}}$$

719. $\dfrac{\frac{1}{4}}{21} = \dfrac{\boxed{1}}{\boxed{4}} \div \boxed{21} = \dfrac{\boxed{1}}{\boxed{4}} \cdot \dfrac{\boxed{1}}{\boxed{21}} = \dfrac{\boxed{1}}{\boxed{4}\cdot\boxed{21}} = \dfrac{\boxed{1}}{\boxed{84}}$

720. $\dfrac{\frac{75}{28}}{\frac{45}{14}} = \dfrac{\boxed{75}}{\boxed{28}} \div \dfrac{\boxed{45}}{\boxed{14}} = \dfrac{\boxed{75}}{\boxed{28}} \cdot \dfrac{\boxed{14}}{\boxed{45}} = \dfrac{\boxed{5}\cdot\boxed{1}}{\boxed{2}\cdot\boxed{3}} = \dfrac{\boxed{5}}{\boxed{6}}$

721. $\dfrac{7}{\frac{35}{4}} = \boxed{7} \div \dfrac{\boxed{35}}{\boxed{4}} = \boxed{7} \cdot \dfrac{\boxed{4}}{\boxed{35}} = \dfrac{\boxed{1}\cdot\boxed{4}}{\boxed{5}} = \dfrac{\boxed{4}}{\boxed{5}}$

722. $\dfrac{\frac{3}{64}}{9} = \dfrac{\boxed{3}}{\boxed{64}} \div \boxed{9} = \dfrac{\boxed{3}}{\boxed{64}} \cdot \dfrac{\boxed{1}}{\boxed{9}} = \dfrac{\boxed{1}}{\boxed{64}\cdot\boxed{3}} = \dfrac{\boxed{1}}{\boxed{192}}$

723. $\dfrac{\frac{25}{4}}{75} = \dfrac{\boxed{25}}{\boxed{4}} \div \boxed{75} = \dfrac{\boxed{25}}{\boxed{4}} \cdot \dfrac{\boxed{1}}{\boxed{75}} = \dfrac{\boxed{1}}{\boxed{4}\cdot\boxed{3}} = \dfrac{\boxed{1}}{\boxed{12}}$

18. Übungsbeispiele

Klammern

724. $\left(\dfrac{2}{6} - 1\dfrac{1}{10}\right) \cdot 1\dfrac{2}{3} =$

$= \left(\dfrac{\boxed{2}}{\boxed{6}} - \dfrac{\boxed{1}\cdot\boxed{10}+\boxed{1}}{\boxed{10}}\right) \cdot \dfrac{\boxed{1}\cdot\boxed{3}+\boxed{2}}{\boxed{3}} =$

$= \dfrac{\boxed{10}-\boxed{33}}{\boxed{30}} \cdot \dfrac{\boxed{5}}{\boxed{3}} = \dfrac{\boxed{-23}}{\boxed{30}} \cdot \dfrac{\boxed{5}}{\boxed{3}} = \dfrac{\boxed{-23}}{\boxed{18}} = \boxed{-1}\dfrac{\boxed{5}}{\boxed{18}}$

kgV $\left(\boxed{6}, \boxed{10}\right) = \boxed{30}$ ggT $\left(\boxed{23}, \boxed{18}\right) = \boxed{1}$

725. $\left(2\frac{1}{7}+1\frac{8}{10}\right)\cdot 1\frac{2}{3}=$

$$=\left(\frac{\boxed{2}\cdot\boxed{7}+\boxed{1}}{\boxed{7}}+\frac{\boxed{1}\cdot\boxed{10}+\boxed{8}}{\boxed{10}}\right)\cdot\frac{\boxed{1}\cdot\boxed{3}+\boxed{2}}{\boxed{3}}=$$

$$=\frac{\boxed{150}+\boxed{126}}{\boxed{70}}\cdot\frac{\boxed{5}}{\boxed{3}}=\frac{\boxed{276}}{\boxed{70}}\cdot\frac{\boxed{5}}{\boxed{3}}=\frac{\boxed{46}}{\boxed{7}}=\boxed{6}\,\frac{\boxed{4}}{\boxed{7}}$$

kgV $\left(\boxed{7},\boxed{10}\right)=\boxed{70}$ ggT $\left(\boxed{46},\boxed{7}\right)=\boxed{1}$

726. $\left(\frac{5}{9}+1\frac{1}{8}\right)\cdot 1\frac{1}{9}=$

$$=\left(\frac{\boxed{5}}{\boxed{9}}+\frac{\boxed{1}\cdot\boxed{8}+\boxed{1}}{\boxed{8}}\right)\cdot\frac{\boxed{1}\cdot\boxed{9}+\boxed{1}}{\boxed{9}}=$$

$$=\frac{\boxed{40}+\boxed{81}}{\boxed{72}}\cdot\frac{\boxed{10}}{\boxed{9}}=\frac{\boxed{121}}{\boxed{72}}\cdot\frac{\boxed{10}}{\boxed{9}}=\frac{\boxed{605}}{\boxed{324}}=\boxed{1}\,\frac{\boxed{281}}{\boxed{324}}$$

kgV $\left(\boxed{9},\boxed{8}\right)=\boxed{72}$ ggT $\left(\boxed{605},\boxed{324}\right)=\boxed{1}$

727. $\left(1\frac{4}{10}+1\frac{1}{4}\right)\div 1\frac{3}{4}=$

$$=\left(\frac{\boxed{1}\cdot\boxed{10}+\boxed{4}}{\boxed{10}}+\frac{\boxed{1}\cdot\boxed{4}+\boxed{1}}{\boxed{4}}\right)\div\frac{\boxed{1}\cdot\boxed{4}+\boxed{3}}{\boxed{4}}=$$

$$=\frac{\boxed{28}+\boxed{25}}{\boxed{20}}\div\frac{\boxed{7}}{\boxed{4}}=\frac{\boxed{53}}{\boxed{20}}\cdot\frac{\boxed{4}}{\boxed{7}}=\frac{\boxed{53}}{\boxed{35}}=\boxed{1}\,\frac{\boxed{18}}{\boxed{35}}$$

kgV $\left(\boxed{10},\boxed{4}\right)=\boxed{20}$ ggT $\left(\boxed{53},\boxed{35}\right)=\boxed{1}$

728. $\left(2\frac{2}{4}-1\frac{4}{8}\right)\div 1\frac{1}{2}=$

$$=\left(\frac{\boxed{2}\cdot\boxed{4}+\boxed{2}}{\boxed{4}}-\frac{\boxed{1}\cdot\boxed{8}+\boxed{4}}{\boxed{8}}\right)\div\frac{\boxed{1}\cdot\boxed{2}+\boxed{1}}{\boxed{2}}=$$

$$=\frac{\boxed{20}-\boxed{12}}{\boxed{8}}\div\frac{\boxed{3}}{\boxed{2}}=\frac{\boxed{8}}{\boxed{8}}\cdot\frac{\boxed{2}}{\boxed{3}}=\frac{\boxed{2}}{\boxed{3}}$$

kgV $\left(\boxed{4},\boxed{8}\right)=\boxed{8}$ ggT $\left(\boxed{2},\boxed{3}\right)=\boxed{1}$

729. $\left(\frac{3}{7}-1\frac{1}{4}\right)\div 1\frac{1}{10}=$

$=\left(\frac{\boxed{3}}{\boxed{7}}-\frac{\boxed{1}\cdot\boxed{4}+\boxed{1}}{\boxed{4}}\right)\div\frac{\boxed{1}\cdot\boxed{10}+\boxed{1}}{\boxed{10}}=$

$=\frac{\boxed{12}-\boxed{35}}{\boxed{28}}\div\frac{\boxed{11}}{\boxed{10}}=\frac{\boxed{-23}}{\boxed{28}}\cdot\frac{\boxed{10}}{\boxed{11}}=\frac{\boxed{-115}}{\boxed{154}}$

kgV $\left(\boxed{7},\boxed{4}\right)=\boxed{28}$ ggT $\left(\boxed{115},\boxed{154}\right)=\boxed{1}$

730. $\left(2\frac{2}{4}+2\frac{2}{5}\right)\cdot 1\frac{1}{10}=$

$=\left(\frac{\boxed{2}\cdot\boxed{4}+\boxed{2}}{\boxed{4}}+\frac{\boxed{2}\cdot\boxed{5}+\boxed{2}}{\boxed{5}}\right)\cdot\frac{\boxed{1}\cdot\boxed{10}+\boxed{1}}{\boxed{10}}=$

$=\frac{\boxed{50}+\boxed{48}}{\boxed{20}}\cdot\frac{\boxed{11}}{\boxed{10}}=\frac{\boxed{98}}{\boxed{20}}\cdot\frac{\boxed{11}}{\boxed{10}}=\frac{\boxed{539}}{\boxed{100}}=\boxed{5}\,\frac{\boxed{39}}{\boxed{100}}$

kgV $\left(\boxed{4},\boxed{5}\right)=\boxed{20}$ ggT $\left(\boxed{539},\boxed{100}\right)=\boxed{1}$

731. $\left(1\frac{7}{8}-1\frac{1}{8}\right)\cdot 1\frac{1}{3}=$

$=\left(\frac{\boxed{1}\cdot\boxed{8}+\boxed{7}}{\boxed{8}}-\frac{\boxed{1}\cdot\boxed{8}+\boxed{1}}{\boxed{8}}\right)\cdot\frac{\boxed{1}\cdot\boxed{3}+\boxed{1}}{\boxed{3}}=$

$=\frac{\boxed{15}-\boxed{9}}{\boxed{8}}\cdot\frac{\boxed{4}}{\boxed{3}}=\frac{\boxed{6}}{\boxed{8}}\cdot\frac{\boxed{4}}{\boxed{3}}=\frac{\boxed{1}}{\boxed{1}}=\boxed{1}$

kgV $\left(\boxed{8},\boxed{8}\right)=\boxed{8}$ ggT $\left(\boxed{1},\boxed{1}\right)=\boxed{1}$

732. $\left(1\frac{6}{8}+1\frac{1}{9}\right)\cdot 1\frac{1}{2}=$

$=\left(\frac{\boxed{1}\cdot\boxed{8}+\boxed{6}}{\boxed{8}}+\frac{\boxed{1}\cdot\boxed{9}+\boxed{1}}{\boxed{9}}\right)\cdot\frac{\boxed{1}\cdot\boxed{2}+\boxed{1}}{\boxed{2}}=$

$=\frac{\boxed{126}+\boxed{80}}{\boxed{72}}\cdot\frac{\boxed{3}}{\boxed{2}}=\frac{\boxed{206}}{\boxed{72}}\cdot\frac{\boxed{3}}{\boxed{2}}=\frac{\boxed{103}}{\boxed{24}}=\boxed{4}\,\frac{\boxed{7}}{\boxed{24}}$

kgV $\left(\boxed{8},\boxed{9}\right)=\boxed{72}$ ggT $\left(\boxed{103},\boxed{24}\right)=\boxed{1}$

733. $\left(1\frac{1}{3}+1\frac{1}{6}\right)\div 1\frac{1}{6}=$

$$=\left(\frac{\boxed{1}\cdot\boxed{3}+\boxed{1}}{\boxed{3}}+\frac{\boxed{1}\cdot\boxed{6}+\boxed{1}}{\boxed{6}}\right)\div\frac{\boxed{1}\cdot\boxed{6}+\boxed{1}}{\boxed{6}}=$$

$$=\frac{\boxed{8}+\boxed{7}}{\boxed{6}}\div\frac{\boxed{7}}{\boxed{6}}=\frac{\boxed{15}}{\boxed{6}}\cdot\frac{\boxed{6}}{\boxed{7}}=\frac{\boxed{15}}{\boxed{7}}=\boxed{2}\frac{\boxed{1}}{\boxed{7}}$$

$\text{kgV}\left(\boxed{3},\boxed{6}\right)=\boxed{6}$ $\qquad$ $\text{ggT}\left(\boxed{15},\boxed{7}\right)=\boxed{1}$

734. $\left(1\frac{1}{5}-3\frac{2}{6}\right)\cdot 1\frac{1}{8}=$

$$=\left(\frac{\boxed{1}\cdot\boxed{5}+\boxed{1}}{\boxed{5}}-\frac{\boxed{3}\cdot\boxed{6}+\boxed{2}}{\boxed{6}}\right)\cdot\frac{\boxed{1}\cdot\boxed{8}+\boxed{1}}{\boxed{8}}=$$

$$=\frac{\boxed{36}-\boxed{100}}{\boxed{30}}\cdot\frac{\boxed{9}}{\boxed{8}}=\frac{\boxed{-64}}{\boxed{30}}\cdot\frac{\boxed{9}}{\boxed{8}}=\frac{\boxed{-12}}{\boxed{5}}=\boxed{-2}\frac{\boxed{2}}{\boxed{5}}$$

$\text{kgV}\left(\boxed{5},\boxed{6}\right)=\boxed{30}$ $\qquad$ $\text{ggT}\left(\boxed{12},\boxed{5}\right)=\boxed{1}$

735. $\left(\frac{5}{10}+5\frac{2}{4}\right)\cdot 1\frac{2}{8}=$

$$=\left(\frac{\boxed{5}}{\boxed{10}}+\frac{\boxed{5}\cdot\boxed{4}+\boxed{2}}{\boxed{4}}\right)\cdot\frac{\boxed{1}\cdot\boxed{8}+\boxed{2}}{\boxed{8}}=$$

$$=\frac{\boxed{10}+\boxed{110}}{\boxed{20}}\cdot\frac{\boxed{10}}{\boxed{8}}=\frac{\boxed{120}}{\boxed{20}}\cdot\frac{\boxed{10}}{\boxed{8}}=\frac{\boxed{15}}{\boxed{2}}=\boxed{7}\frac{\boxed{1}}{\boxed{2}}$$

$\text{kgV}\left(\boxed{10},\boxed{4}\right)=\boxed{20}$ $\qquad$ $\text{ggT}\left(\boxed{15},\boxed{2}\right)=\boxed{1}$

736. $\left(1\frac{9}{10}-1\frac{1}{8}\right)\cdot 2\frac{6}{7}=$

$$=\left(\frac{\boxed{1}\cdot\boxed{10}+\boxed{9}}{\boxed{10}}-\frac{\boxed{1}\cdot\boxed{8}+\boxed{1}}{\boxed{8}}\right)\cdot\frac{\boxed{2}\cdot\boxed{7}+\boxed{6}}{\boxed{7}}=$$

$$=\frac{\boxed{76}-\boxed{45}}{\boxed{40}}\cdot\frac{\boxed{20}}{\boxed{7}}=\frac{\boxed{31}}{\boxed{40}}\cdot\frac{\boxed{20}}{\boxed{7}}=\frac{\boxed{31}}{\boxed{14}}=\boxed{2}\frac{\boxed{3}}{\boxed{14}}$$

$\text{kgV}\left(\boxed{10},\boxed{8}\right)=\boxed{40}$ $\qquad$ $\text{ggT}\left(\boxed{31},\boxed{14}\right)=\boxed{1}$

737. $\left(\frac{2}{3} - 1\frac{2}{5}\right) \cdot 1\frac{1}{7} =$

$$= \left(\frac{\boxed{2}}{\boxed{3}} - \frac{\boxed{1}\cdot\boxed{5}+\boxed{2}}{\boxed{5}}\right) \cdot \frac{\boxed{1}\cdot\boxed{7}+\boxed{1}}{\boxed{7}} =$$

$$= \frac{\boxed{10}-\boxed{21}}{\boxed{15}} \cdot \frac{\boxed{8}}{\boxed{7}} = \frac{\boxed{-11}}{\boxed{15}} \cdot \frac{\boxed{8}}{\boxed{7}} = \frac{\boxed{-88}}{\boxed{105}}$$

$\text{kgV}\left(\boxed{3}, \boxed{5}\right) = \boxed{15}$ $\quad$ $\text{ggT}\left(\boxed{88}, \boxed{105}\right) = \boxed{1}$

738. $\left(2\frac{4}{6} + 1\frac{1}{4}\right) \cdot 1\frac{4}{5} =$

$$= \left(\frac{\boxed{2}\cdot\boxed{6}+\boxed{4}}{\boxed{6}} + \frac{\boxed{1}\cdot\boxed{4}+\boxed{1}}{\boxed{4}}\right) \cdot \frac{\boxed{1}\cdot\boxed{5}+\boxed{4}}{\boxed{5}} =$$

$$= \frac{\boxed{32}+\boxed{15}}{\boxed{12}} \cdot \frac{\boxed{9}}{\boxed{5}} = \frac{\boxed{47}}{\boxed{12}} \cdot \frac{\boxed{9}}{\boxed{5}} = \frac{\boxed{141}}{\boxed{20}} = \boxed{7}\,\frac{\boxed{1}}{\boxed{20}}$$

$\text{kgV}\left(\boxed{6}, \boxed{4}\right) = \boxed{12}$ $\quad$ $\text{ggT}\left(\boxed{141}, \boxed{20}\right) = \boxed{1}$

739. $\left(\frac{7}{9} - 2\frac{4}{5}\right) \cdot 1\frac{1}{7} =$

$$= \left(\frac{\boxed{7}}{\boxed{9}} - \frac{\boxed{2}\cdot\boxed{5}+\boxed{4}}{\boxed{5}}\right) \cdot \frac{\boxed{1}\cdot\boxed{7}+\boxed{1}}{\boxed{7}} =$$

$$= \frac{\boxed{35}-\boxed{126}}{\boxed{45}} \cdot \frac{\boxed{8}}{\boxed{7}} = \frac{\boxed{-91}}{\boxed{45}} \cdot \frac{\boxed{8}}{\boxed{7}} = \frac{\boxed{-104}}{\boxed{45}} = \boxed{-2}\,\frac{\boxed{14}}{\boxed{45}}$$

$\text{kgV}\left(\boxed{9}, \boxed{5}\right) = \boxed{45}$ $\quad$ $\text{ggT}\left(\boxed{104}, \boxed{45}\right) = \boxed{1}$

740. $\left(3\frac{2}{6} - 1\frac{1}{7}\right) \div 1\frac{6}{7} =$

$$= \left(\frac{\boxed{3}\cdot\boxed{6}+\boxed{2}}{\boxed{6}} - \frac{\boxed{1}\cdot\boxed{7}+\boxed{1}}{\boxed{7}}\right) \div \frac{\boxed{1}\cdot\boxed{7}+\boxed{6}}{\boxed{7}} =$$

$$= \frac{\boxed{140}-\boxed{48}}{\boxed{42}} \div \frac{\boxed{13}}{\boxed{7}} = \frac{\boxed{92}}{\boxed{42}} \cdot \frac{\boxed{7}}{\boxed{13}} = \frac{\boxed{46}}{\boxed{39}} = \boxed{1}\,\frac{\boxed{7}}{\boxed{39}}$$

$\text{kgV}\left(\boxed{6}, \boxed{7}\right) = \boxed{42}$ $\quad$ $\text{ggT}\left(\boxed{46}, \boxed{39}\right) = \boxed{1}$

741. $\left(\frac{3}{10}+5\frac{2}{3}\right)\div 1\frac{2}{3}=$

$$=\left(\frac{\boxed{3}}{\boxed{10}}+\frac{\boxed{5}\cdot\boxed{3}+\boxed{2}}{\boxed{3}}\right)\div\frac{\boxed{1}\cdot\boxed{3}+\boxed{2}}{\boxed{3}}=$$

$$=\frac{\boxed{9}+\boxed{170}}{\boxed{30}}\div\frac{\boxed{5}}{\boxed{3}}=\frac{\boxed{179}}{\boxed{30}}\cdot\frac{\boxed{3}}{\boxed{5}}=\frac{\boxed{179}}{\boxed{50}}=\boxed{3}\,\frac{\boxed{29}}{\boxed{50}}$$

$\text{kgV}\left(\boxed{10},\boxed{3}\right)=\boxed{30}$ $\quad$ $\text{ggT}\left(\boxed{179},\boxed{50}\right)=\boxed{1}$

742. $\left(\frac{3}{10}+1\frac{1}{7}\right)\cdot 1\frac{1}{7}=$

$$=\left(\frac{\boxed{3}}{\boxed{10}}+\frac{\boxed{1}\cdot\boxed{7}+\boxed{1}}{\boxed{7}}\right)\cdot\frac{\boxed{1}\cdot\boxed{7}+\boxed{1}}{\boxed{7}}=$$

$$=\frac{\boxed{21}+\boxed{80}}{\boxed{70}}\cdot\frac{\boxed{8}}{\boxed{7}}=\frac{\boxed{101}}{\boxed{70}}\cdot\frac{\boxed{8}}{\boxed{7}}=\frac{\boxed{404}}{\boxed{245}}=\boxed{1}\,\frac{\boxed{159}}{\boxed{245}}$$

$\text{kgV}\left(\boxed{10},\boxed{7}\right)=\boxed{70}$ $\quad$ $\text{ggT}\left(\boxed{404},\boxed{245}\right)=\boxed{1}$

743. $\left(\frac{8}{9}+2\frac{3}{5}\right)\cdot 1\frac{1}{6}=$

$$=\left(\frac{\boxed{8}}{\boxed{9}}+\frac{\boxed{2}\cdot\boxed{5}+\boxed{3}}{\boxed{5}}\right)\cdot\frac{\boxed{1}\cdot\boxed{6}+\boxed{1}}{\boxed{6}}=$$

$$=\frac{\boxed{40}+\boxed{117}}{\boxed{45}}\cdot\frac{\boxed{7}}{\boxed{6}}=\frac{\boxed{157}}{\boxed{45}}\cdot\frac{\boxed{7}}{\boxed{6}}=\frac{\boxed{1099}}{\boxed{270}}=\boxed{4}\,\frac{\boxed{19}}{\boxed{270}}$$

$\text{kgV}\left(\boxed{9},\boxed{5}\right)=\boxed{45}$ $\quad$ $\text{ggT}\left(\boxed{1099},\boxed{270}\right)=\boxed{1}$

Klammern II

744. $\left(\frac{5}{6}+2\frac{2}{8}\right)\cdot\left(2\frac{3}{5}-1\frac{7}{8}\right)=$

$$=\left(\frac{\boxed{5}}{\boxed{6}}+\frac{\boxed{2}\cdot\boxed{8}+\boxed{2}}{\boxed{8}}\right)\cdot\left(\frac{\boxed{2}\cdot\boxed{5}+\boxed{3}}{\boxed{5}}-\frac{\boxed{1}\cdot\boxed{8}+\boxed{7}}{\boxed{8}}\right)=$$

$\text{kgV}\left(\boxed{6},\boxed{8}\right)=\boxed{24}$ $\quad$ $\text{kgV}\left(\boxed{5},\boxed{8}\right)=\boxed{40}$

$$=\frac{\boxed{20}+\boxed{54}}{\boxed{24}}\cdot\frac{\boxed{104}-\boxed{75}}{\boxed{40}}=\frac{\boxed{74}}{\boxed{24}}\cdot\frac{\boxed{29}}{\boxed{40}}=\frac{\boxed{1073}}{\boxed{480}}=\boxed{2}\,\frac{\boxed{113}}{\boxed{480}}$$

$\text{ggT}\left(\boxed{1073},\boxed{480}\right)=\boxed{1}$

745. $\left(1\frac{2}{3}+1\frac{1}{6}\right) \div \left(1\frac{6}{7}+2\frac{1}{3}\right) =$

$$= \left(\frac{\boxed{1}\cdot\boxed{3}+\boxed{2}}{\boxed{3}} + \frac{\boxed{1}\cdot\boxed{6}+\boxed{1}}{\boxed{6}}\right) \div \left(\frac{\boxed{1}\cdot\boxed{7}+\boxed{6}}{\boxed{7}} + \frac{\boxed{2}\cdot\boxed{3}+\boxed{1}}{\boxed{3}}\right) =$$

$$\text{kgV}\left(\boxed{3},\boxed{6}\right) = \boxed{6} \qquad \text{kgV}\left(\boxed{7},\boxed{3}\right) = \boxed{21}$$

$$= \frac{\boxed{10}+\boxed{7}}{\boxed{6}} \div \frac{\boxed{39}+\boxed{49}}{\boxed{21}} = \frac{\boxed{17}}{\boxed{6}} \cdot \frac{\boxed{21}}{\boxed{88}} = \frac{\boxed{119}}{\boxed{176}}$$

$$\text{ggT}\left(\boxed{119},\boxed{176}\right) = \boxed{1}$$

746. $\left(1\frac{1}{5}+1\frac{1}{4}\right) \cdot \left(2\frac{2}{5}-1\frac{6}{8}\right) =$

$$= \left(\frac{\boxed{1}\cdot\boxed{5}+\boxed{1}}{\boxed{5}} + \frac{\boxed{1}\cdot\boxed{4}+\boxed{1}}{\boxed{4}}\right) \cdot \left(\frac{\boxed{2}\cdot\boxed{5}+\boxed{2}}{\boxed{5}} - \frac{\boxed{1}\cdot\boxed{8}+\boxed{6}}{\boxed{8}}\right) =$$

$$\text{kgV}\left(\boxed{5},\boxed{4}\right) = \boxed{20} \qquad \text{kgV}\left(\boxed{5},\boxed{8}\right) = \boxed{40}$$

$$= \frac{\boxed{24}+\boxed{25}}{\boxed{20}} \cdot \frac{\boxed{96}-\boxed{70}}{\boxed{40}} = \frac{\boxed{49}}{\boxed{20}} \cdot \frac{\boxed{26}}{\boxed{40}} = \frac{\boxed{637}}{\boxed{400}} = \boxed{1}\,\frac{\boxed{237}}{\boxed{400}}$$

$$\text{ggT}\left(\boxed{637},\boxed{400}\right) = \boxed{1}$$

747. $\left(1\frac{8}{10}-1\frac{1}{6}\right) \div \left(1\frac{1}{6}-2\frac{2}{4}\right) =$

$$= \left(\frac{\boxed{1}\cdot\boxed{10}+\boxed{8}}{\boxed{10}} - \frac{\boxed{1}\cdot\boxed{6}+\boxed{1}}{\boxed{6}}\right) \div \left(\frac{\boxed{1}\cdot\boxed{6}+\boxed{1}}{\boxed{6}} - \frac{\boxed{2}\cdot\boxed{4}+\boxed{2}}{\boxed{4}}\right) =$$

$$\text{kgV}\left(\boxed{10},\boxed{6}\right) = \boxed{30} \qquad \text{kgV}\left(\boxed{6},\boxed{4}\right) = \boxed{12}$$

$$= \frac{\boxed{54}-\boxed{35}}{\boxed{30}} \div \frac{\boxed{14}-\boxed{30}}{\boxed{12}} = \frac{\boxed{19}}{\boxed{30}} \cdot \frac{\boxed{12}}{\boxed{-16}} = \frac{\boxed{19}}{\boxed{-40}} = \frac{\boxed{-19}}{\boxed{40}}$$

$$\text{ggT}\left(\boxed{19},\boxed{40}\right) = \boxed{1}$$

748. $\left(\frac{5}{10} - 1\frac{1}{9}\right) \cdot \left(1\frac{6}{10} + 1\frac{1}{8}\right) =$

$$= \left(\frac{\boxed{5}}{\boxed{10}} - \frac{\boxed{1}\cdot\boxed{9}+\boxed{1}}{\boxed{9}}\right) \cdot \left(\frac{\boxed{1}\cdot\boxed{10}+\boxed{6}}{\boxed{10}} + \frac{\boxed{1}\cdot\boxed{8}+\boxed{1}}{\boxed{8}}\right) =$$

$$\text{kgV}\left(\boxed{10},\boxed{9}\right) = \boxed{90} \qquad \text{kgV}\left(\boxed{10},\boxed{8}\right) = \boxed{40}$$

$$= \frac{\boxed{45}-\boxed{100}}{\boxed{90}} \cdot \frac{\boxed{64}+\boxed{45}}{\boxed{40}} = \frac{\boxed{-55}}{\boxed{90}} \cdot \frac{\boxed{109}}{\boxed{40}} = \frac{\boxed{-1199}}{\boxed{720}} = \boxed{-1}\,\frac{\boxed{479}}{\boxed{720}}$$

$$\text{ggT}\left(\boxed{1199},\boxed{720}\right) = \boxed{1}$$

749. $\left(1\frac{7}{8} - 1\frac{1}{9}\right) \cdot \left(1\frac{1}{9} + 1\frac{1}{7}\right) =$

$$= \left(\frac{\boxed{1}\cdot\boxed{8}+\boxed{7}}{\boxed{8}} - \frac{\boxed{1}\cdot\boxed{9}+\boxed{1}}{\boxed{9}}\right) \cdot \left(\frac{\boxed{1}\cdot\boxed{9}+\boxed{1}}{\boxed{9}} + \frac{\boxed{1}\cdot\boxed{7}+\boxed{1}}{\boxed{7}}\right) =$$

$$\text{kgV}\left(\boxed{8},\boxed{9}\right) = \boxed{72} \qquad \text{kgV}\left(\boxed{9},\boxed{7}\right) = \boxed{63}$$

$$= \frac{\boxed{135}-\boxed{80}}{\boxed{72}} \cdot \frac{\boxed{70}+\boxed{72}}{\boxed{63}} = \frac{\boxed{55}}{\boxed{72}} \cdot \frac{\boxed{142}}{\boxed{63}} = \frac{\boxed{3905}}{\boxed{2268}} = \boxed{1}\,\frac{\boxed{1637}}{\boxed{2268}}$$

$$\text{ggT}\left(\boxed{3905},\boxed{2268}\right) = \boxed{1}$$

750. $\left(3\frac{3}{5} + 1\frac{6}{7}\right) \cdot \left(1\frac{1}{5} - 7\frac{1}{2}\right) =$

$$= \left(\frac{\boxed{3}\cdot\boxed{5}+\boxed{3}}{\boxed{5}} + \frac{\boxed{1}\cdot\boxed{7}+\boxed{6}}{\boxed{7}}\right) \cdot \left(\frac{\boxed{1}\cdot\boxed{5}+\boxed{1}}{\boxed{5}} - \frac{\boxed{7}\cdot\boxed{2}+\boxed{1}}{\boxed{2}}\right) =$$

$$\text{kgV}\left(\boxed{5},\boxed{7}\right) = \boxed{35} \qquad \text{kgV}\left(\boxed{5},\boxed{2}\right) = \boxed{10}$$

$$= \frac{\boxed{126}+\boxed{65}}{\boxed{35}} \cdot \frac{\boxed{12}-\boxed{75}}{\boxed{10}} = \frac{\boxed{191}}{\boxed{35}} \cdot \frac{\boxed{-63}}{\boxed{10}} = \frac{\boxed{-1719}}{\boxed{50}} = \boxed{-34}\,\frac{\boxed{19}}{\boxed{50}}$$

$$\text{ggT}\left(\boxed{1719},\boxed{50}\right) = \boxed{1}$$

751. $\left(3\frac{1}{5}-1\frac{7}{9}\right) \div \left(1\frac{1}{7}+1\frac{1}{5}\right) =$

$$= \left(\frac{\boxed{3}\cdot\boxed{5}+\boxed{1}}{\boxed{5}} - \frac{\boxed{1}\cdot\boxed{9}+\boxed{7}}{\boxed{9}}\right) \div \left(\frac{\boxed{1}\cdot\boxed{7}+\boxed{1}}{\boxed{7}} + \frac{\boxed{1}\cdot\boxed{5}+\boxed{1}}{\boxed{5}}\right) =$$

$$\text{kgV}\left(\boxed{5},\boxed{9}\right) = \boxed{45} \qquad \text{kgV}\left(\boxed{7},\boxed{5}\right) = \boxed{35}$$

$$= \frac{\boxed{144}-\boxed{80}}{\boxed{45}} \div \frac{\boxed{40}+\boxed{42}}{\boxed{35}} = \frac{\boxed{64}}{\boxed{45}} \cdot \frac{\boxed{35}}{\boxed{82}} = \frac{\boxed{224}}{\boxed{369}}$$

$$\text{ggT}\left(\boxed{224},\boxed{369}\right) = \boxed{1}$$

752. $\left(1\frac{3}{5}+1\frac{1}{9}\right) \div \left(1\frac{1}{2}+1\frac{1}{4}\right) =$

$$= \left(\frac{\boxed{1}\cdot\boxed{5}+\boxed{3}}{\boxed{5}} + \frac{\boxed{1}\cdot\boxed{9}+\boxed{1}}{\boxed{9}}\right) \div \left(\frac{\boxed{1}\cdot\boxed{2}+\boxed{1}}{\boxed{2}} + \frac{\boxed{1}\cdot\boxed{4}+\boxed{1}}{\boxed{4}}\right) =$$

$$\text{kgV}\left(\boxed{5},\boxed{9}\right) = \boxed{45} \qquad \text{kgV}\left(\boxed{2},\boxed{4}\right) = \boxed{4}$$

$$= \frac{\boxed{72}+\boxed{50}}{\boxed{45}} \div \frac{\boxed{6}+\boxed{5}}{\boxed{4}} = \frac{\boxed{122}}{\boxed{45}} \cdot \frac{\boxed{4}}{\boxed{11}} = \frac{\boxed{488}}{\boxed{495}}$$

$$\text{ggT}\left(\boxed{488},\boxed{495}\right) = \boxed{1}$$

753. $\left(1\frac{8}{10}-1\frac{7}{9}\right) \cdot \left(1\frac{4}{5}+3\frac{2}{5}\right) =$

$$= \left(\frac{\boxed{1}\cdot\boxed{10}+\boxed{8}}{\boxed{10}} - \frac{\boxed{1}\cdot\boxed{9}+\boxed{7}}{\boxed{9}}\right) \cdot \left(\frac{\boxed{1}\cdot\boxed{5}+\boxed{4}}{\boxed{5}} + \frac{\boxed{3}\cdot\boxed{5}+\boxed{2}}{\boxed{5}}\right) =$$

$$\text{kgV}\left(\boxed{10},\boxed{9}\right) = \boxed{90} \qquad \text{kgV}\left(\boxed{5},\boxed{5}\right) = \boxed{5}$$

$$= \frac{\boxed{162}-\boxed{160}}{\boxed{90}} \cdot \frac{\boxed{9}+\boxed{17}}{\boxed{5}} = \frac{\boxed{2}}{\boxed{90}} \cdot \frac{\boxed{26}}{\boxed{5}} = \frac{\boxed{26}}{\boxed{225}}$$

$$\text{ggT}\left(\boxed{26},\boxed{225}\right) = \boxed{1}$$

754. $\left(\frac{5}{6}-1\frac{9}{10}\right)\cdot\left(1\frac{1}{5}-5\frac{2}{3}\right)=$

$$=\left(\frac{\boxed{5}}{\boxed{6}}-\frac{\boxed{1}\cdot\boxed{10}+\boxed{9}}{\boxed{10}}\right)\cdot\left(\frac{\boxed{1}\cdot\boxed{5}+\boxed{1}}{\boxed{5}}-\frac{\boxed{5}\cdot\boxed{3}+\boxed{2}}{\boxed{3}}\right)=$$

$$\text{kgV}\left(\boxed{6},\boxed{10}\right)=\boxed{30} \qquad \text{kgV}\left(\boxed{5},\boxed{3}\right)=\boxed{15}$$

$$=\frac{\boxed{25}-\boxed{57}}{\boxed{30}}\cdot\frac{\boxed{18}-\boxed{85}}{\boxed{15}}=\frac{\boxed{-32}}{\boxed{30}}\cdot\frac{\boxed{-67}}{\boxed{15}}=\frac{\boxed{1072}}{\boxed{225}}=\boxed{4}\,\frac{\boxed{172}}{\boxed{225}}$$

$$\text{ggT}\left(\boxed{1072},\boxed{225}\right)=\boxed{1}$$

755. $\left(1\frac{2}{5}+1\frac{7}{8}\right)\div\left(1\frac{1}{10}-1\frac{4}{5}\right)=$

$$=\left(\frac{\boxed{1}\cdot\boxed{5}+\boxed{2}}{\boxed{5}}+\frac{\boxed{1}\cdot\boxed{8}+\boxed{7}}{\boxed{8}}\right)\div\left(\frac{\boxed{1}\cdot\boxed{10}+\boxed{1}}{\boxed{10}}-\frac{\boxed{1}\cdot\boxed{5}+\boxed{4}}{\boxed{5}}\right)=$$

$$\text{kgV}\left(\boxed{5},\boxed{8}\right)=\boxed{40} \qquad \text{kgV}\left(\boxed{10},\boxed{5}\right)=\boxed{10}$$

$$=\frac{\boxed{56}+\boxed{75}}{\boxed{40}}\div\frac{\boxed{11}-\boxed{18}}{\boxed{10}}=\frac{\boxed{131}}{\boxed{40}}\cdot\frac{\boxed{10}}{\boxed{-7}}=\frac{\boxed{131}}{\boxed{-28}}=\boxed{-4}\,\frac{\boxed{19}}{\boxed{28}}$$

$$\text{ggT}\left(\boxed{131},\boxed{28}\right)=\boxed{1}$$

756. $\left(1\frac{4}{10}-1\frac{1}{5}\right)\div\left(1\frac{1}{3}-1\frac{1}{9}\right)=$

$$=\left(\frac{\boxed{1}\cdot\boxed{10}+\boxed{4}}{\boxed{10}}-\frac{\boxed{1}\cdot\boxed{5}+\boxed{1}}{\boxed{5}}\right)\div\left(\frac{\boxed{1}\cdot\boxed{3}+\boxed{1}}{\boxed{3}}-\frac{\boxed{1}\cdot\boxed{9}+\boxed{1}}{\boxed{9}}\right)=$$

$$\text{kgV}\left(\boxed{10},\boxed{5}\right)=\boxed{10} \qquad \text{kgV}\left(\boxed{3},\boxed{9}\right)=\boxed{9}$$

$$=\frac{\boxed{14}-\boxed{12}}{\boxed{10}}\div\frac{\boxed{12}-\boxed{10}}{\boxed{9}}=\frac{\boxed{2}}{\boxed{10}}\cdot\frac{\boxed{9}}{\boxed{2}}=\frac{\boxed{9}}{\boxed{10}}$$

$$\text{ggT}\left(\boxed{9},\boxed{10}\right)=\boxed{1}$$

757. $\left(1\frac{2}{10}+1\frac{1}{8}\right)\cdot\left(1\frac{1}{4}+4\frac{3}{4}\right)=$

$$=\left(\frac{\boxed{1}\cdot\boxed{10}+\boxed{2}}{\boxed{10}}+\frac{\boxed{1}\cdot\boxed{8}+\boxed{1}}{\boxed{8}}\right)\cdot\left(\frac{\boxed{1}\cdot\boxed{4}+\boxed{1}}{\boxed{4}}+\frac{\boxed{4}\cdot\boxed{4}+\boxed{3}}{\boxed{4}}\right)=$$

$$\text{kgV}\left(\boxed{10},\boxed{8}\right)=\boxed{40}\qquad\qquad \text{kgV}\left(\boxed{4},\boxed{4}\right)=\boxed{4}$$

$$=\frac{\boxed{48}+\boxed{45}}{\boxed{40}}\cdot\frac{\boxed{5}+\boxed{19}}{\boxed{4}}=\frac{\boxed{93}}{\boxed{40}}\cdot\frac{\boxed{24}}{\boxed{4}}=\frac{\boxed{279}}{\boxed{20}}=\boxed{13}\,\frac{\boxed{19}}{\boxed{20}}$$

$$\text{ggT}\left(\boxed{279},\boxed{20}\right)=\boxed{1}$$

758. $\left(\frac{2}{7}-1\frac{1}{6}\right)\cdot\left(1\frac{1}{9}+1\frac{5}{9}\right)=$

$$=\left(\frac{\boxed{2}}{\boxed{7}}-\frac{\boxed{1}\cdot\boxed{6}+\boxed{1}}{\boxed{6}}\right)\cdot\left(\frac{\boxed{1}\cdot\boxed{9}+\boxed{1}}{\boxed{9}}+\frac{\boxed{1}\cdot\boxed{9}+\boxed{5}}{\boxed{9}}\right)=$$

$$\text{kgV}\left(\boxed{7},\boxed{6}\right)=\boxed{42}\qquad\qquad \text{kgV}\left(\boxed{9},\boxed{9}\right)=\boxed{9}$$

$$=\frac{\boxed{12}-\boxed{49}}{\boxed{42}}\cdot\frac{\boxed{10}+\boxed{14}}{\boxed{9}}=\frac{\boxed{-37}}{\boxed{42}}\cdot\frac{\boxed{24}}{\boxed{9}}=\frac{\boxed{-148}}{\boxed{63}}=\boxed{-2}\,\frac{\boxed{22}}{\boxed{63}}$$

$$\text{ggT}\left(\boxed{148},\boxed{63}\right)=\boxed{1}$$

759. $\left(1\frac{1}{6}-2\frac{2}{4}\right)\cdot\left(2\frac{1}{2}-2\frac{2}{5}\right)=$

$$=\left(\frac{\boxed{1}\cdot\boxed{6}+\boxed{1}}{\boxed{6}}-\frac{\boxed{2}\cdot\boxed{4}+\boxed{2}}{\boxed{4}}\right)\cdot\left(\frac{\boxed{2}\cdot\boxed{2}+\boxed{1}}{\boxed{2}}-\frac{\boxed{2}\cdot\boxed{5}+\boxed{2}}{\boxed{5}}\right)=$$

$$\text{kgV}\left(\boxed{6},\boxed{4}\right)=\boxed{12}\qquad\qquad \text{kgV}\left(\boxed{2},\boxed{5}\right)=\boxed{10}$$

$$=\frac{\boxed{14}-\boxed{30}}{\boxed{12}}\cdot\frac{\boxed{25}-\boxed{24}}{\boxed{10}}=\frac{\boxed{-16}}{\boxed{12}}\cdot\frac{\boxed{1}}{\boxed{10}}=\frac{\boxed{-2}}{\boxed{15}}$$

$$\text{ggT}\left(\boxed{2},\boxed{15}\right)=\boxed{1}$$

760. $\left(1\frac{3}{6} - 7\frac{1}{2}\right) \div \left(1\frac{7}{8} + 1\frac{1}{2}\right) =$

$$= \left(\frac{\boxed{1}\cdot\boxed{6}+\boxed{3}}{\boxed{6}} - \frac{\boxed{7}\cdot\boxed{2}+\boxed{1}}{\boxed{2}}\right) \div \left(\frac{\boxed{1}\cdot\boxed{8}+\boxed{7}}{\boxed{8}} + \frac{\boxed{1}\cdot\boxed{2}+\boxed{1}}{\boxed{2}}\right) =$$

$$\text{kgV}\left(\boxed{6},\boxed{2}\right) = \boxed{6} \qquad \text{kgV}\left(\boxed{8},\boxed{2}\right) = \boxed{8}$$

$$= \frac{\boxed{9}-\boxed{45}}{\boxed{6}} \div \frac{\boxed{15}+\boxed{12}}{\boxed{8}} = \frac{\boxed{-36}}{\boxed{6}} \cdot \frac{\boxed{8}}{\boxed{27}} = \frac{\boxed{-16}}{\boxed{9}} = \boxed{-1}\,\frac{\boxed{7}}{\boxed{9}}$$

$$\text{ggT}\left(\boxed{16},\boxed{9}\right) = \boxed{1}$$

761. $\left(5\frac{1}{3} + 1\frac{7}{9}\right) \div \left(1\frac{1}{2} + 2\frac{2}{3}\right) =$

$$= \left(\frac{\boxed{5}\cdot\boxed{3}+\boxed{1}}{\boxed{3}} + \frac{\boxed{1}\cdot\boxed{9}+\boxed{7}}{\boxed{9}}\right) \div \left(\frac{\boxed{1}\cdot\boxed{2}+\boxed{1}}{\boxed{2}} + \frac{\boxed{2}\cdot\boxed{3}+\boxed{2}}{\boxed{3}}\right) =$$

$$\text{kgV}\left(\boxed{3},\boxed{9}\right) = \boxed{9} \qquad \text{kgV}\left(\boxed{2},\boxed{3}\right) = \boxed{6}$$

$$= \frac{\boxed{48}+\boxed{16}}{\boxed{9}} \div \frac{\boxed{9}+\boxed{16}}{\boxed{6}} = \frac{\boxed{64}}{\boxed{9}} \cdot \frac{\boxed{6}}{\boxed{25}} = \frac{\boxed{128}}{\boxed{75}} = \boxed{1}\,\frac{\boxed{53}}{\boxed{75}}$$

$$\text{ggT}\left(\boxed{128},\boxed{75}\right) = \boxed{1}$$

ibidem.eu

www.ingramcontent.com/pod-product-compliance
Ingram Content Group UK Ltd.
Pitfield, Milton Keynes, MK11 3LW, UK
UKHW042058021026
15589UKWH00001B/52

9 783838 213309